黑龙江省省属本科高校基本科研业务费专项后期资助项目（145109616）

心理社会应激运动干预积极作用形成的机理研究

崔荣荣 ◎ 著

吉林大学出版社
·长春·

图书在版编目（CIP）数据

心理社会应激运动干预积极作用形成的机理研究 /
崔荣荣著 .— 长春 ： 吉林大学出版社，2023.1
ISBN 978-7-5768-0355-6

Ⅰ．①心… Ⅱ．①崔… Ⅲ．①心理应激—心理干预
Ⅳ．① B845

中国版本图书馆 CIP 数据核字（2022）第 164229 号

书　　名：心理社会应激运动干预积极作用形成的机理研究
XINLI SHEHUI YINGJI YUNDONG GANYU JIJI ZUOYONG XINGCHENG DE
JILI YANJIU

作　　者：崔荣荣　著
策划编辑：邵宇彤
责任编辑：杨　平
责任校对：李潇潇
装帧设计：优盛文化
出版发行：吉林大学出版社
社　　址：长春市人民大街 4059 号
邮政编码：130021
发行电话：0431-89580028/29/21
网　　址：http://www.jlup.com.cn
电子邮箱：jldxcbs@sina.com
印　　刷：三河市华晨印务有限公司
成品尺寸：170mm×240mm　　16 开
印　　张：9
字　　数：130 千字
版　　次：2023 年 1 月第 1 版
印　　次：2023 年 1 月第 1 次
书　　号：ISBN 978-7-5768-0355-6
定　　价：58.00 元

前　言

心理社会应激是心理学中的重要问题。研究发现，伴随着适应社会应激源刺激的要求，人体的生物学系统也发生了一系列的适应性变化，且不同的应激源刺激是通过人体的心理、生理两条途径相互作用、交互影响，决定着心理社会应激的发生、发展，继而影响着身心健康，并与许多心身疾病的形成密切相关，故有必要对心理社会应激进行深入的探讨。但也正是由于心理社会应激发生、发展的复杂性，采用的干预手段不同，所起的作用不一，并且都有着不同的局限性。且研究还发现，运动锻炼对于由任何压力所引起的消极情绪都有积极的作用，是调节心理社会应激压力的一种有效手段。我们课题组有幸获得黑龙江省省属本科高校基本科研业务费专项后期资助项目资助（145109616），取得了许多成果，为在实践中进行广泛的推广应用，以提高大众的身心健康水平，故撰写此书。

本书主要从心理、生理两个角度阐述了心理社会应激运动干预的积极效益及其机理。本书第一章是绪论，介绍了相关的概念、内涵，以及当前研究中存在的问题，并介绍了心理社会应激运动干预研究的意义；第二章介绍了心理社会应激运动干预中的相关心理学变量，并对诸心理学变量间关系进行了整合；第三章基于fMRI研究证据并结合CPT理论，以及人口学、生物学等相关因素，对心理社会应激干预的神经机制进行了探讨；第四章先是对心理社会应激运动干预的积极效益与皮质醇的动态变化的关联进行研究，并基于认知交互作用理论以及皮质醇监控证据对运动疗法所起积极作用进行了分析，基于皮质醇监控证据对心理社会应激的运动处方进行了研究；第五章探讨了在社会应激源刺激下免疫系统变化的规律机制，并基于免疫反应规律与机制提出了在心理社会应激干预研究中要重视运动疗法；第六章基于CPT理论及当前理论研究中对情绪、认知关系的认识，提出了解释心理社会应激运动干预心理、生理效应形成的整体性理论模型；第七章先是对大学生体质不强及体育"知而不行"原因进行分析，继而对增加大学生体育锻炼行为的路径机制进行了探讨。

　　在本书撰写过程中，尽管也付出了许多的努力，但由于作者水平有限，难免存在不足之处，敬请各位专家、学者多多批评指正。同时，体育不仅仅是竞技活动，也是一种重要的生活方式，我们也衷心地希望体育锻炼可以被整个社会，包括家庭、学校、企业以及政府管理部门所重视，形成持续不断的全民健身的浪潮，远离应激压力，创造更加幸福美好的生活。

崔荣荣

2022 年 1 月 13 日

目 录

第一章　绪论

第一节　心理社会应激概念与内涵

心理社会应激的研究源于应激（Stress）。应激亦称压力，在古法语和英语中，其最初的含义是"困苦"和"逆境"。《简明心理学词典》中则将其定义为"个体在遇到出乎意料的紧张情况时所做出的适应性反应"（黄希庭，2004）。亦有学者将其定义为个体面临或觉察到环境变化对机体有威胁或挑战时做出的适应性和应对性反应的过程（梁宝勇，2007）。

追根溯源，在人文社会学研究领域，这一概念是由著名的神经生理学家 Cannon 首先引入。Cannon 强调有机体具有维持体内平衡状态的机能，并最先提出了"稳态"的概念，应激刺激便是扰乱机体"稳态"的重要诱因（Cannon，1929）。当个体在面临应激情境下，其交感—肾上腺系统会兴奋，并出现"搏斗或逃跑"（fight or flight）的行为模式。这是最早的关于应激的描述。

以后又有许多学者对应激做了不同的解释。Selye（1936）一生围绕应激做了诸多的开拓性研究。他提出应激是引起全身多系统反应的伤害刺激或需求，并把应激源持续存在引起机体产生的症状和体征称为"一般适应综合征"（general adaptation syndrome，GAS）。Lzarus 则提出了心理应激的概念，即"心理应激是指人对外界环境有害物、威胁或挑战经认知、评价后所形成的生理、心理和行为反应"（Lazarus and Folkman，1984）。

心理社会应激从本质上来说是心理应激研究的一个分类，由于当前没有明确的定义，故本研究借鉴"应激是一个过程"的观点，将在"社会性应激源"中发生的应激过程界定为"心理社会应激"。社会性应激源是指造成个体生活方式变化，并要求适应和应付的社会生活情境和事件等。在心理学研究中，对于社会性应激源的界定不仅聚焦于生活中的重大变化，如家庭突然破产等，还包括在工作、生活、学习的日常环境中发生的一些小事，例如，与人约定某个时间一起吃饭但客人却迟迟不到，在家庭生活中子女总是不听父母的教训，需要安静睡眠时骚扰电话的铃声却不断响起等，其日积月累的影响也可以导致各种心身性的异常症状（Lupien et al, 2009）。

关于应激的研究中，加拿大病理学家 H.Selye 是公认的集大成者。Selye 认为，机体在应激源刺激下，会动员全身防御系统，诸多的系统、器官参与其中，受应激源刺激的强度、量和性质的影响，引起心理、生理机能的不断变化。Selye 将这一过程分为警戒期、抵抗期和耗竭期三个阶段。这三个时期的发生发展与个体的适应能力密切相关。首先，个体面对应激源刺激会出现一种相对短暂的惊恐反应，如焦虑、恐惧、抑郁等，这一阶段是警戒期；其次，机体开始抵抗外界的压力，这也是机体适应外部应激压力的过程，这一阶段便是抵抗期；最后，在应激源刺激下，随着能量、物质的大量代谢消耗，机体会越来越疲劳，甚至引起异常症状或疾患，这一阶段被称为耗竭期。

Selye 的应激学说为应激理论的发展做出了突出的贡献，但由于人的心理行为的复杂性，以及 Selye 的理论许多原是动物实验的总结，其研究成果并不完全适合于人类自身，随后许多的心理学家对应激源刺激下的心理社会行为进行了探索。从 20 世纪 60 年代开始，学者们逐渐认识到认知评价是应激发生、发展过程的重要一环。认知的交互作用理论便是由 Folkman 和 Lazarus（1984）提出的，该理论把应激视为一个过程，强调的是人与环境之间互相作用的体现是在应激情境刺激下，经过许多中介因素，有机体最后决定作出防御性的反应。这种防御性反应有时甚至会超过个人的承受能力。在应激发生、发展的各个阶段，能够引起应激反应的应激源几乎无处不在，既可能来自"外"，也可能来自"内"。其中的"外"是指外界环境，包括人文社会环境和客观存在的自然环境；"内"则是指人类的自身，比如，身体的健康问题，在学习、生活或工作中需要对事情做出艰难的选择等；应激所形成的应激反应会引起行为、心理以及生理上的变化，且这些应激性的变化常常是同时发生。

第二节　心理社会应激研究中存在的问题

应激是心理学中的重要概念，其理论原是生理学中动物实验的总结，当该理论的发展不适合于人类自身的时候，便逐渐引入心理学相关理论并发展到了今天。

心理社会应激是应激研究的一个分支，在其概念的界定上，可以认为在社会应激源刺激下，个体所发生的一系列行为、情绪、认知与生理反应的过程便是心理社会应激。从已有的研究成果来看，心理社会应激发生、发展的过程不仅受到人口学、社会学等因素的影响，还包含着复杂的心理学上的因果变化。在不同的应激源刺激下，不同的个体会出现不同的应激性反应。适度的应激刺激有利于提高机体的环境适应能力，只有长期处于过度的应激情境下，才可能产生心身性异常症状甚至导致疾病。故在应激的发生、发展过程中，形成了一个既存在着个体的主观认知能动性又存在着客观环境反作用、庞大且复杂的网络控制系统。

关于心理社会应激与心身疾病之间的关联以及内在的机制方面，当前研究成果较少，且还是以国外的为主。人的心理行为受环境、文化等诸多因素的影响，故需要审慎解读和应用国外研究成果，更需要以国内的人群作为研究对象，从而进行系统研究。在当前的研究中，对研究对象的选择也较为狭窄，以护理从业者居多。在机制方面也未能从整体上揭示人口学和生物学因素与应激刺激的强度和性质之间交互作用的规律。因此，在理论研究方面还远未形成统一的框架体系。

在神经机制方面，虽然当前的研究可以通过神经功能成像技术揭示在心理社会应激过程中脑结构与功能所发生的变化，但未完整地揭示在不同社会性应激源刺激下脑神经变化的整体规律与特点，同时对相关联的生物学机制的研究更是不足。例如，神经内分泌免疫系统参与心理社会应激的形成与发展并决定着应激水平的强弱，但从分子水平上对神经内分泌免疫网络中起关键作用的神经递质、激素、免疫因子等内在关系的探索还处于起步阶段；前额叶皮层包含着内侧、外侧等解剖分区，边缘系统又包含着海马、杏仁核等结构，在应激源刺激下，同一脑区内部以及不同脑区之间的神经活性以及功能连接并不相同，其原因未知；当前研究还证实，适度的应激可以提高适应能力，过度的应激就会造成损害，其适度与过度之间如何进行科学的量化等，未来还有大量的问题需要我们深入地进行探索。

　　基于人文社会学与生物学相关的研究成果，体育锻炼亦是心理社会应激干预的重要手段，且体育锻炼所形成的积极心理和生理效益是基于运动形式、运动量和运动强度的组合所形成的联合效益。不同的心理社会应激源刺激作用于同一个个体，以及不同个体面对同一种心理社会应激源刺激，皆会产生千差万别的适应性变化。

第三节　心理社会应激运动干预研究的意义

体育锻炼已被证实是调节心理应激水平的重要干预手段，且体育锻炼无副作用，简便易行，适合于大多数群体。早期国内外学术界就已在推广"医生要学会开运动处方"的理念，但相关研究却甚是不足。这是因为研究者一般是选取其中的一项或两项心理学变量作为体育锻炼调节心理社会应激水平的中间变量而进行研究。从其研究结果来看，这些中间变量确实是体育锻炼所起的积极防治效益的原因，但相关的心理学变量繁多，有的是调节变量，有的是中介变量，相互之间既有并列关系又有递进因果关系，由此迫切地需要一个理论框架来系统地解答体育锻炼与应激适应的内在机理。这些基础性的研究均存在一定的不足之处，因此，在实践中就不能提供适合所有群体的标准。

此外，心理社会应激运动处方的研究内容包含运动量、运动形式以及运动强度等标准的制定，但从当前公开的文献报道来看，相关研究甚少。在未来的研究中，研究者应该重点关注不同的运动形式、不同的运动强度、不同的运动量，以及相互间的不同组合对不同心理社会应激群体综合干预后的动态变化规律。当前，影像学技术的发展为心理社会应激机制的研究提供了更为客观的证据，但还不能够对复杂应激情境下以及多变的体育运动干预形式进行实时监控。

心理社会应激适应与社会适应密切相关，对心理社会应激适应的过程其实质上也是社会适应的过程。因此，探索心理社会应激适应的心理和生理机制具有重要的理论意义与实践价值。

一、提高大众身心健康水平的要求

心理社会应激是影响身心健康并导致各种心身性异常症状形成的重要因素。大量相关的研究证实，心理社会应激会导致一个人的内稳态失衡，对人的认知产生不良的影响，并引起精神障碍，如抑郁、焦虑、失眠以及成瘾行为，还会影响学业的完成，诱发犯罪，导致饮食障碍以及增加自杀的危险性等。相关研究还证实，心理社会应激还会导致哮喘、白癜风、阿尔茨海默病以及心血管疾病并使之加重，长期的慢性心理社会应激还能诱发恶性肿瘤，如卵巢癌、乳腺癌等。在与人类健康和疾病有关的许多研究模型中，心理社会应激始终是其中的关键。

体育锻炼在心理社会应激干预过程中的积极效益已被公认，但对其内在机理的探索目前尚较缺乏。为科学制定心理社会应激防治的运动处方，并在实践中广泛地推广、应用，以提高大众心身健康水平，有必要深入探讨身体锻炼调节心理社会应激的机制在大众中的作用。

二、国家和社会发展的要求

国家极为重视全民的心理健康问题。党的十八大报告指出："加强和改进思想政治工作，注重人文关怀与心理疏导。"中共中央国务院印发的《"健康中国 2030"规划纲要》中也要求重点关注大众的心理问题，并提出对于心理问题一定要"早发现""早干预"，还提出要"加强心理健康服务体系建设"。

随着宏观方面的世界经济模式和社会结构的变化，以及高速铁路、人工智能、5G、大数据等在生活中的日益普及，微观上人与人之间的交流沟通方式，以及衣食住行等生活方式发生着日新月异的变化，社会矛盾也变得更为复杂。这种变化本质上也是一种应激源，不断地形成各种应激压力，导致了消极的社会生活事件不断，且由重大的心理危机恶性事件所导致的各种健康问题日益引起人们的关注，并成为降低人们生命质量以及加剧家庭、社会和国家负担的主要原因。

相较于其他的心理或医疗干预手段，体育锻炼具有无副作用、费用低、简便易行等优点，以及适合于不同年龄、不同地域、不同健康状况的人群和可在人群中大面积推广的益处，故深入探索心理社会应激身体锻炼干预的内在机制是国家和社会发展的要求。

三、学科发展的要求

20 世纪，国外学者就已经提出了"心理生物学"概念。这一概念的具体内涵是：在生物医学实践中，为完全了解病人的病理生理机制以服务于临床医学实践，生物学和心理学是同等重要的。现如今，这一理念也得到越来越多的重视，生物—心理—社会医学模式也被大众所认可。心理社会应激是其中的重要研究内容，并逐渐成为诸多心身性疾病防治的关键因素。基于此，了解相关的心理生理机制也变得越来越迫切。

在运动心理学领域，体育运动锻炼作为一种积极的健康生活方式，可以促进心理资源的整合以及心身健康水平的提高。相关研究证实，身体锻炼调节心理社会应激的过程亦包含着复杂的心理生理变化，对其进行深入探索是完善并促进运动心理学学科发展的必然要求。

本章小结

综上所述，心理社会应激以及相关干预手段的研究是心理学中的重要问题，身体锻炼是调节心理社会应激水平的有效手段，能够有效地促进大众心身健康水平的提高。故本研究对于心理社会应激身体锻炼干预机制的探讨，在理论上能够通过体育科学的视角，揭示在复杂的社会环境下不同人群的心理行为特点、心理社会应激适应的进程以及健康保护和心身交互作用的内在机理。

心理社会应激与许多心身性疾病的发生、发展密切相关，且许多心身性疾病并没有根治的手段，因此预防是关键。体育锻炼适合于所有人群，对于急、慢性心理社会应激刺激皆有积极的调节作用。故对心理社会应激身体锻炼干预机制的探讨，在实践中可以促进生命质量的提高、个体与群体心理危机的实时监控和预警系统的建立以及干预方法与技术手段的完善。

参考文献：

[1] 黄希庭 . 简明心理学词典 [M]. 安徽 : 安徽人民出版社 , 2004: 477.

[2] 梁宝勇 . 临床心理学 [M]. 北京 : 北京大学医学出版社 , 2004: 171.

[3] CANNON W B. Organization for physiological homeostasis[J]. Physiol Rev, 1929(3): 399-431.

[4] LAZARUS R S, FLOKMAN S. Stress, appraisal and the coping process[J]. NewRork:Springer,1984: 11-21.

[5] LUPIEN S J, MCEWEN S, GUNNAR M R, et al. Effects of stress throughout the lifespan on the brain, behaviour and cognition [J]. Nat Rev Neurosci, 2009, 10(6): 434-445.

[6] SELYE H. A syndrome produced by diverse nocuous agents[J].nature, 1936, 138(2): 230-231.

第二章　心理社会应激运动干预人文心理学机制

"心理社会应激"是"心理应激"研究中的一个重要问题，是由 "Psychosocial stress" 翻译而来，其研究内容与社会性应激源有关，即以 "stress event" 和 "life event" 为主。其中，社会性应激源是指造成生活 变化的事件，如家里着火、亲人的死亡或者持续的经济困难等。日常生活 中的一些小事，如频繁的人际交往与应酬、工作中与同事间的一些微纠纷 等亦属于社会性应激源的范畴，其日积月累的影响也可导致各种心身性 异常。

第一节　心理社会应激运动干预中相关心理学 变量

依据相关理论，体育运动之所以能够调节心理应激水平，是因为体育 锻炼作为躯体性应激源，能够刺激并提高生理与心理机能，进而提高了在 面对生活中其他应激源刺激时的适应能力。

1982 年，Kobasa 首次探讨了体育锻炼的心理应激缓冲效应，他发现积 极参与体育锻炼的人，较少受心理问题困扰（Kobasa et al., 1982）。1985 年，Caspersen 发现体力活动，特别是有规律的体育锻炼对健康有着积极 的影响，并能够对抗各种心理和生理性应激刺激对机体的损害（Caspersen et al., 1985）。1987 年，Roth 和 Holmes 为了检验有氧运动和放松训练是 否能够有效地减少应激对心理和生理的负面影响，先是对 100 人进行了调 研，从中选出了在先前的一年中曾经经历过较高数量的负面生活事件的受 试者，共 55 人为研究对象，并进行了相关指标测试。Roth 的研究结果证 实，有氧运动可以有效减轻由压力性生活事件所诱导的抑郁症状（Roth and Holmes, 1987）。Brown 和 Siegel 则针对青少年的心理社会应激水平与幸 福感之间的关系做了一个长期的纵向研究。他发现，随着运动水平的增加， 压力性事件会随之下降（Brown, Siegel, 1988）。近些年来，在运动心理 学的研究领域中，体育运动能够调节心理压力水平的结论更是得到了诸多动物实验和人体研究的支持。

当前研究认为，心理社会应激的发生发展与社会支持、人格特质、自我效能等诸多心理学变量有直接或间接关系。

一、社会支持

关于社会支持的概念界定，学术界至今都未达成共识。有学者将其定义为一个人通过社会联系所能获得的，能缓解精神紧张状态、减轻心理应激反应、提高社会适应能力的影响因素。而贺寨平（2001）则认为，两个人之间的社会支持，或许在面对日常生活中的问题或危机中不能起到作用，如果想要获得社会支持，必须建立各种各样的社会网络。他还提出，社会支持网，即个人能借以获得各种资源支持（如金钱、情感友谊等）的社会网络。

寻求社会支持是在面临各种压力时的一种应对策略，其原因在于，社会支持可以预测应激的威胁性，并有效地缓解心理压力，以及调节应激性的异常生理反应。如果能主动寻求他人在情绪、信息、物质等各方面的支持，就能减少压力对我们心理和身体上的不良影响，更快、更好地解决问题。

相关研究认为，在压力和体育锻炼之间，社会支持是其中的中介变量。例如，团体性的运动项目可以加强人与人之间的交流与沟通，并能拓展更多的社会关系网络，从而有益于改善由心理社会应激所诱导的心身性异常症状（Yoshikawa et al., 2016）。

二、人格特质

人格（personality）是个体在各种交互作用过程中形成的内在动力组织和相应的行为模式的有机统一体。它是一个复杂的结构系统，主要包含人格的倾向性和人格的心理特征两个方面，前者是人格的动力，后者是指个体之间的差异。不同的人格特征构成了世界上无数个体纷繁复杂的心理行为特征。人格的形成既受到先天的生物学遗传因素决定，又受到后天教育文化的影响。人格可以预测应激反应的强度，1975年，Friedman等人的研究发现，A型性格的人更可能患冠心病，更容易表现出侵犯性行为；在面对竞争时，肾上腺素上升得更多；在工作和生活中更容易碰到应激刺激，且有更高的应激反应性。

由于人格的形成是受到后天的文化教育等诸多因素影响的，在实践中若采用有效的干预手段对人格进行改造，由此可以减少应激的威胁性。一项以中老年人为研究对象的研究显示，通过对人格进行干预，减少了应激性生活事件的发生，并降低了其健康风险。

国外通过使用结构方程模型来探索女大学生的人格、体力活动和心理健康之间关系的研究显示，在人格、心理健康水平与体力活动三者之间存在着积极的关联（Yoshikawa et al.，2016）。

三、自我效能

自我效能理论是美国著名心理学家班杜拉（Bandura）从社会认知理论的视野出发建立和发展起来的理论体系。班杜拉将自我效能感看成一种相当具体的能力预期，是人们为了完成某个目标或结果所需的行为能力信念（Bandura，1977）。通俗地说，自我效能就是"我能行"。研究也发现，在面对应激源刺激时自我效能高的人，生活或工作中的成绩会更高，会有更多的包括快乐、兴奋等积极情绪，认知活动也更加灵活，遇到应激情境不会固执于一种解决方法，能够采取更多积极的应对策略来解决问题。

自我效能感的高低会对应激过程中的交感神经反应和主观应激强度产生影响。自我效能能够减轻应激压力，提升幸福感（Burger，Samuel，2017）。自我效能感高的人，其思维更敏捷，较少有焦虑、抑郁等情绪，更能制定有挑战性的目标，在学业或事业上更能取得成就；反之，自我效能感低的人，在应激过程中的交感神经反应更强，主观应激强度更高（Yang et al.，2018）。

体育锻炼与自我效能感相关联，长期参加体育锻炼，特别是通过不断的努力赢得了比赛，实质上就是一种成功的体验；同时，在体育运动中，每一项运动技术的掌握过程本质上也是一种成功过程；经常参与体育锻炼的人必然能够体会到更多的成功的乐趣，遇到困难常常认为"我能行"，并能积极应对应激刺激，最终减轻了心理压力。

三、心理坚韧性、心理弹性

心理坚韧性（mental toughness 或者 hardiness）的概念是由 Kobasa 及其同事整合了以往众多心理学家的理论而提出的，用于解释为什么有些人可以顺利地渡过应激性事件，而另一些人则不行。Kobasa 认为，坚韧性是人格中用以抵制应激的一个结构，可以在高度的应激性生活事件刺激下免于应激的伤害（Kobasa et al.，1979）。

坚韧性人格在压力应对中起着中介作用。坚韧性高的人往往把困难和问题视为挑战，而不是威胁，他们不会屈服和认命，面对应激性事件会采取更加积极的认知评价，能产生较多的积极情绪，不容易产生焦虑、抑郁、愤怒、恐惧等消极的情绪反应。

在体育心理学研究领域中，Mileĭkovskaia（1984）等人的研究证实，游泳是一种有效提高心理坚韧性的训练方法；关于军事运动训练的研究则显示，促进心理坚韧性的高平衡与应激的神经内分泌反应相关联（Kobasa et al.，1979）；在心理社会应激相关的研究领域中，Tucker（1986）等人的研究发现，体育锻炼具有增强心理坚韧性，进而提高缓冲心理社会应激压力的能力；Skirka（2000）也发现，大学校队运动员在心理坚韧性得分方面显著高于普通的在校大学生，同时具有较少的压力知觉和心理症状。

"resilience"也有"坚韧"的含义，中文则通常译为"心理弹性"。国内有学者在翻译和使用这一概念时与心理坚韧性的概念常发生混淆。从国内外相关的研究中可以发现，心理弹性和心理坚韧性在研究内容上确实是有交集的，但两者的研究目的却有明显的区别。心理弹性更加关注应激刺激后的恢复能力；而心理坚韧性则关注面对应激刺激时的坚持能力，这是两个不同的概念。关于心理弹性的研究起源于 20 世纪六七十年代。研究将心理弹性定义为在面对应激刺激时的承受、恢复和成长的能力（Kobasa et al.，1979）。

心理弹性作为在应对应激压力时所需的积极心理品质，受到研究者的广泛重视。心理弹性可以减轻应激反应，提高个体的抗压能力。在运动心理学的研究领域中，研究还证实了，体育锻炼与心理弹性两者之间存在显著的正相关关系（Nicole et al.，2015）。

第二节 心理社会应激运动干预中心理变量间关系的整合

一、社会支持可以促进心理弹性的提高

社会支持可以帮助个体自信地面对各种应激源刺激，提高其心理承受能力。国内外许多研究已经证实了社会支持对于心理弹性的积极作用。其中的一项研究是以 200 名留守女孩和 214 名留守男孩为研究对象，并完成了对心理弹性、社会支持和孤独感的调查。该研究采用分层回归分析的研究方法，研究结果表明，心理弹性是社会支持和孤独感之间的中介变量（Nicole et al.，2015）。另一项研究是以 162 名居住在新加坡的中国老年人为研究对象进行的调查。该项研究结果表明，通过心理弹性的中介作用，社会支持对老年抑郁症患者有一个显著的间接影响（Li et al.，2015）。还有另一项相似的研究，该研究对 163 名多发性硬化症患者做了一项调查，也证实了心理弹性在社会支持与心理健康之间起着中介作用（koelmel，Hughes，2017）。综合这些研究结果，可以认为，社会支持可以促进心理弹性的提高。

二、体育锻炼是通过社会支持提高心理弹性的

一项以 715 名日本成年人为对象的研究发现，运动可以通过社会支持提高心理弹性，从而减轻抑郁症状。也就是说，在体育锻炼与心理健康之间，社会支持、心理弹性可以同时成为其中的中间变量。综上所述，体育锻炼是通过社会支持提高心理弹性的（图 2-1）。

图 2-1 体育锻炼、社会支持、心理弹性关系模型

三、人格因素是体育锻炼通过社会支持提高心理弹性的重要原因

一项从 272 名来自我国台湾中部的 4 家医院急诊室及精神科病房护士为对象的研究发现，心理弹性与个性之间存在着关联。同时，该研究还证实，教育可以通过人格与社会支持的路径提高心理弹性（Scarf et al.，2016）。

一项以冠心病患者为对象而进行的研究，对人格与社会支持两者之间的关系进行了探讨。该研究发现，与非 D 型人格相比，D 型人格个体表现出更多的不健康行为，或者较少的健康行为和较少的社会支持（Ginting et al.，2016）；社会支持能够调节人格对心理健康的影响（Roohafza et al.，2016）。因此，体育锻炼是通过人格因素影响了社会支持，继而提高了心理弹性（图 2-2）。

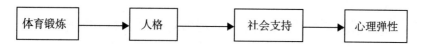

图 2-2 体育锻炼、人格、社会支持、心理弹性关系模型

但是，社会支持与人格之间的关系较为复杂。在一项最新的研究中，为探讨在不同情境下社会支持对青少年抑郁症状发展的影响，以及青少年人格特质是否与心理调节有关，使用台湾教育长期追踪资料库中的数据，证实了青少年的人格可以缓和社会支持对抑郁症状发展轨迹的影响（Lien et al.，2016）。因此，体育锻炼通过社会支持影响了人格，继而提高了心理弹性（图 2-3）。

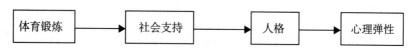

图 2-3 体育锻炼、社会支持、人格、心理弹性关系模型

四、自我效能是体育锻炼通过人格、社会支持提高心理弹性的关键

首先，自我效能与社会支持之间存在着密切的关联。自我效能可以促进体育锻炼通过社会支持提高心理弹性，从而减少心理压力。

其次，人格与自我效能之间也存在着密切的关联。研究证实，人格不

仅可以通过自我效能的中介作用促进积极情绪的提高，还可以预测自我效能。此外，研究还发现，自我效能可以提高心理弹性。总之，自我效能也可以作为人格与心理弹性之间的中间变量。

综上所述，体育锻炼是通过社会支持与人格增强了自我效能，最终提高了心理弹性。同时，在人格与社会支持之间还存在着复杂的交互作用（图2-4）。

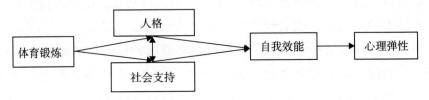

图2-4　体育锻炼对心理弹性的影响——社会支持、人格、自我效能的中介作用

五、体育锻炼对心理坚韧性的影响与对心理弹性的影响相同

心理坚韧性与运动之间也存在着密切的关联。Michael 和 Jim（2009）等人的研究证实，经过 7 周训练，游泳运动员的心理坚韧性得到了显著性的提高；同时证实，心理坚韧性与社会支持、自我效能间存在着关联。Connaughton 等人（2008）则研究了各个时期精英运动员心理坚韧性的发展变化规律，发现了社会支持有助于运动员的心理坚韧性的提升（Connaughton et al.，016）。Guccicardi 等人（2008）以 15 岁以上的澳大利亚足球运动员为研究对象，将其分为实验组和控制组。其中实验组接受包括自我效能在内的心理技能训练，控制组则不接受任何训练。该研究发现，实验组报告的心理坚韧性水平显著高于控制组。该研究结果表明，心理坚韧性与运动对自我效能提高的促进存在着密切的关联。基于对体育锻炼与心理弹性之间中介变量的探讨，可以认为，体育锻炼与心理坚韧性之间存在着与之相似的中间变量（图2-5）。

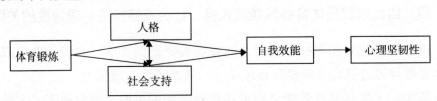

图2-5　体育锻炼对心理坚韧性的影响——社会支持、人格、自我效能的中介作用

六、对体育锻炼调节应激水平心理机制的理论整合

总之，体育锻炼之所以能够缓冲心理社会应激水平，其原因在于长期参加体育锻炼，可以塑造人格，提高社会支持水平，进而提高个体的自我效能，最终提高了心理坚韧性与心理弹性，提高了应激水平，从而有益于身心的健康（图2-6）。

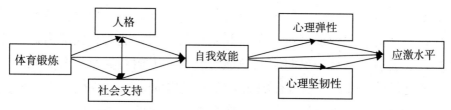

图2-6　心理社会应激体育锻炼干预整体性的理论模型

第三节　整合后理论模型应用的再解读

一、体育锻炼增加社会支持很关键

相较于不参加体育锻炼者，长期参加体育锻炼者可以促进人际交往能力，如在篮球比赛中，为赢得比赛，队员相互之间会为彼此制造机会，例如，当后卫球员突破进入内线，会为外线球员传球，同时外线球员也会积极跑位，寻找接球投篮的机会；内线中锋会为后卫球员的突破挡人。基于此，经常参加体育锻炼，必然有益于改善人际关系，提高社会适应能力。另一种增加社会支持的表现是在赛场外，参加体育锻炼的人群会通过比赛与锻炼而相识，且随着当前大众体育的逐渐兴起，各种以健身为目的的赛事也越来越多，经常参加比赛，必然会增加锻炼人群间的情感交流，使大家由不熟悉到熟悉再到成为亲密的朋友，在生活中也能够相互扶持，共同分担生活中的压力。

二、运动对人格的改善在提高自我效能中起着重要的作用

自我效能理论是美国著名心理学家班杜拉（Bandura）从社会认知理论的视野出发建立和发展起来的理论体系。1980 年，班杜拉发表了《人类行为中的自我效能机制》的演说，阐述了他的自我效能原理。在演说中，班杜拉将自我效能感看成一种相当具体的能力预期，是人们为了完成某个目标或结果所需的行为能力信念（Bandura，1977）。在 20 世纪 80 年代后，班杜拉又认为自我效能感是一种自我生成的能力，能对自我能力进行感知和判断。此后，班杜拉又将自我效能定义为"人们对其组织和实施，达成特定成就目标，所需行动过程的能力信念"（Bandura，1997）。通俗地说，自我效能就是"我能行"，特别是在面对生活中的各种应激性事件时，经常参加体育锻炼，有着让人觉得"自己能行"的潜在益处。首先，当一个人熟练而精通地掌握了一项运动技能，往往会得到他人的称赞，特别是在单位里，一个体育技能好的人往往会为单位争得荣誉，会受到领导和同事的关注，获得比其他不参加体育锻炼的人更多的机会。其次，对于男生来说，经常参加体育锻炼会有更加强壮有型的身体；对于女生来说，经常参加体育锻炼也会更加充满活力，会获得更多异性的关注。运动对于人格的改善，表现为长期参与运动能使人更加乐观、开朗。其一，依据宣泄理论，在锻炼或者比赛中，通过肢体上的动作或是语言上的大喊大叫能够发泄内心的郁闷、愤怒等负性情绪，从而减弱或消除了内在的压力，恢复了心理的平衡；其二，依据分散理论，体育锻炼能够转移注意力，将个体从紧张的情绪中转移出来，从而享受到运动带给自己的快乐，长此以往，必然有益于塑造健身者外向乐观的个性，进而能够更好地与他人沟通交流。因此，长期参加体育锻炼者，在面对应激压力时相较于不参加体育锻炼者，会获得更多的帮助，能够更加自信地积极应对，最终有益于提高自我效能。

三、自我效能的提高是提高心理弹性和心理坚韧性的关键环节

对大众健身者来说，其所参与的比赛或者训练较为业余。而专业运动员参与竞技训练与比赛的目的则是挑战生理机能上的极限。运动员每一项运动技术的掌握，以及体能素质的提高，皆离不开平时的刻苦训练。竞技

比赛的成功与失败的不确定性，决定着运动员从失败到成功、再到成功后的突破，皆需克服心理和生理上的许多挑战。在这个过程中，运动员的意志也得到了磨炼，不轻易言败的理念贯彻始终。基于个人的经验，如果健身者能够长期科学、合理地参与到体育锻炼中，其心理上的变化往往与专业运动员相似，体育运动给予专业运动员的一切，锻炼者也极有可能会获得。当然，前提是锻炼者也能够像专业运动员那样坚持下去。

以美国职业篮球联赛（NBA）球员诺维茨基为例，他是 NBA 有史以来最为成功的外籍球员之一，其职业生涯皆是在小牛队度过。可是，诺维茨基职业生涯极为坎坷，他作为小牛队的头号球星，在带领球队征战 NBA 的过程中，虽然常规赛中威风八面，但在季后赛中却接连地失败。由此，沉重地打击了诺维茨基，在最艰难的时刻，诺维茨基甚至在休赛期接受了心理治疗。但诺维斯基并没有因此沉沦，而是不断地提高自己包括技术、战术在内的各方面的能力，最终夺冠，从而登上职业生涯的顶峰。由此告诉我们，运动员的成功往往会经历许多失败的考验，这就要求运动员要有战胜对手以及战胜自己的勇气，运动员的成功永远属于能够不断地超越自我极限的人。这实际上就是体育锻炼提高心理弹性和心理坚韧性的过程；而心理弹性与心理坚韧性的提高，又是建立在自我效能提高的基础上。对于优秀的运动员来说，自己永远是最好的，失败只是暂时的；在面对任何困难和压力时，他们永远都充满着自信，永远都充满着战胜困难的勇气，以及百折不挠的意志。

本章小结

心理社会应激是心理学研究中的重要问题。特别是随着生物—心理—社会医学模式的逐渐兴起，心理社会应激在心身性异常症状发生发展过程中的作用更是被广大学者所关注。从已有的研究成果来看，心理社会应激的发生发展不是一个简单的过程，而是包含着复杂的心理上的因果变化。对心理社会应激运动干预人文心理学机制的探索，首先要基于应激是一种特殊的情绪状态，应激对个体的影响，与人格特质、社会支持、自我效能等诸多因素有关。受这些因素的影响，个体会出现不同的应激性反应，继续发展则可形成心身性的异常症状，甚或导致疾病，若不继续发展，躯体的功能又可恢复正常。在这一系列过程中，形成了一个受到个体的主观认知，与客观环境相互作用、相互调节的，庞大而又复杂的网络与控制系统。但从当前的研究成果来看，关于影响心理社会应激发生发展的因素，以及心理社会应激与心身性疾病之间关联的内在机制等研究还远远没有深入。且当前的研究成果是以国外的研究成果为主，心理行为是受到环境、族群、文化等诸多因素影响的，国外的研究成果不一定适合于国内人群。

体育锻炼已被证实是缓冲心理应激的重要干预手段，且体育锻炼无副作用，简便易行，适合于所有群体，其相关研究应该成为未来心理学研究中的重要内容。此外，对心理社会应激运动处方的研究包含着运动量、运动形式以及运动强度等标准的制定，但从当前公开的文献报道来看，相关的研究较少。在未来的研究中，研究者应该重点关注不同的运动形式、不同的运动强度以及不同的运动量之间的不同组合对不同心理社会应激群体综合干预后的动态变化规律与机制，以促进个体与群体的心理压力下的机能监控和预警系统的构建，以及其干预方法和技术手段的完善。

参考文献：

[1] BANDURA A. Self-efficacy: toward a unifying theory of behavioral change [J]. Psychological review, 1977（84）: 191-215.

[2] BROWN J D, SIEGEL J M. Exercise as a buffer of life stress: a prospective study of adolescent health [J]. Health psychol, 1988, 7（4）: 341-353.

[3] BANDURA A. Self-efficacy: the exercise of control [M]. New York: Freedman and Company, 1997: 477-525.

[4] CASPERSEN C J, POWELL K E, CHRLSTENSON G M. Physlcal activlty, exerclse, and physlcal fitness: definitlons and dlstinctlons for health-related research[J]. Pulblic health reports, 1985（100）: 126-131.

[5] CONNAUGHTON D, WADE R, HANTON S, et al. The development and maintenance of mental toughness: perceptions of elite performers [J]. Journal of sport sciences, 2008（26）: 83-95.

[6] GINTING H, VANDE V M, BECKER E S, et al. Type D personality is associated with health behaviors and perceived social support in individuals with coronary heart disease [J]. Journal of health psychol, 2016, 21（5）: 727-737.

[7] KOBASA S C. Stressful life events, personality, and health: an inquiry into hardiness[J]. Journal of personality and social psychology, 1979（37）: 1-11.

[8] KOELMEL E, HUGHES A J, ALSCHULER K N, et al. Resilience mediates the longitudinal relationships between social support and mental health outcomes in multiple sclerosis [J]. Archives of Physical Medicine and Rehabilitation. 2017, 98（6）: 1139-1148.

[9] BURGER K, SAMUEL R. The role of perceived stress and self-efficacy in young people's life satisfaction: a longitudinal study [J]. J youth adolescence, 2017, 46（1）: 78-90.

[10]LI JH, THENG Y L, FOO S, et al. Does psychological resilience mediate the impact of social support on geriatric depression?An exploratory study among Chinese older adults in Singapore [J]. Asian journal of psychiatry, 2015(14): 22-27.

[11]LIEN Y J, HU J N, CHEN C Y, et al. The influences of perceived social support and personality on trajectories of subsequent depressive symptoms in Taiwanese youth [J]. Social Science and Medicine. 2016（153）: 148-155.

[12]NEDELJKOVIC M, WEPFER V, AUSFELD-HAFTER B, et al. Influence of general self-efficacy as a mediator in Taiji-induced stress reduction − Results from a randomized controlled trial[J]. European journal of integrative medicine, 2013, 5（3）: 284-290.

[13]HEGBERG NJ, TONE EB. Physical activity and stress resilience: considering those at-risk for developing mental health problems [J]. Mental health and physical activity, 2015（8）: 1-7.

[14]ROTH D L, HOLMES D S.Influence of aerobic exercise training and relaxation training on physical and psychologic health following stressful life events [J]. Psychosomatic medicine, 1987, 49（4）: 355-365.

[15]ROOHAFZA H, FEIZI A, AFSHAR H, et al. Path analysis of relationship among personality, perceived stress coping social support and psychological outcomes [J]. World journal of psychiatry, 2016, 6（2）: 248-256.

[16]SCARF D, HAYHURST J G, RIORDAN B C, et al. Increasing resilience in adolescents: the importance of social connectedness in adventure education programmes [J]. Australas psychiatry, 2017, 25（2）: 154-156.

[17]YOSHIKAWA E, NISHI D, MATSUOKA Y J, et al. Association between regular physical exercise and depressive symptoms mediated through social support and resilience in Japanese company workers:a cross-sectional study [J]. BMC public health, 2016,（16）: 1-8.

[18]YANG YL, LI MY, LIU L, et al.Perceived stress and its associated demographic-clinical characteristics and positive expectations among Chinese cervical, kidney, and bladder cancer patients [J]. Support care

cancer, 2018, 26（7）: 2303-2312.

[19]贺寨平 . 国外社会支持网研究综述 [J]. 国外社会科学 .2001（1）: 76-82.

[20]Friedman M, Thoresen CE, Gill JJ, et al. Alteration of type A behavior and its effect on cardiac recurrences in post myocardial infarction pations:summary results of the recurrent coronary prevention project[J]. American Heart Journal, 1975, 112（4）: 653-665.

[21]Mileĭkovskaia MV. Swimming for young children--an effective method of hardiness training[J].Med Sestra. 1984, 43（10）: 35-36.

[22]Tucker LA, Cole GE, Friedman GM. Physical fitness: a buffer against stress[J]. Percept Mot Percept Mot Skills. 1986, 63（2 Pt 2）: 955-961.

[23]Skirka N. The relationship of hardiness, sense of coherence, sports participation, and gender to perceived stress and psychological symptoms among college students[J]. J Sports Med Phys Fitness. 2000, 40（1）: 63-70.

[24]Scarf D, Hayhurst JG, Riordan BC, et al. Increasing resilience in adolescents: the importance of social connectedness in adventure education programmes[J]. Australas Psychiatry. 2017, 25（2）: 154-156.

[25]Michael S, Jim G. Effect of a psychological skills training program on swimming performance and positive psychological development[J]. International Journal of Sport and Exercise Psychology. 2006, 4（2）: 149-169.

[26]Gucciardi DF, Gordon S, Dimmock JA. Towards an Understanding of mental Toughness in Australian Football[J]. Journal of Applied sport psychology. 2008, 20（3）: 261-281.

第三章　心理社会应激运动干预的神经机制

功能性磁共振成像（functional magnetic resonance imaging，FMRI）是在传统磁共振技术基础上发展起来的，常用来研究与特定任务相关脑区之间的功能信息交流与整合。其所揭示的病理机制也为各种精神障碍与临床疾病的诊断提供了重要的影像学依据。在应激研究领域中，该技术也受到了专家、学者的重视，成为揭示应激发生发展机制的重要研究手段。

基于 fMRI 的研究结果，学者发现了在急、慢性心理社会应激过程中，脑功能与结构的变化集中发生于前额叶和边缘系统的特点。同时，在应激过程中，不同的和独立的大脑功能网络构成应激了反应的基础。但是，不同学者的研究结果又存在着不同个体面对同一应激源刺激，以及同一个体面对不同应激源刺激，脑区内部以及脑区之间的活性和功能网络变化的不同。这也反映了在心理社会应激刺激下脑神经变化存在着复杂的个体差异，且动态的脑功能连接是产生应激反应个体差异的原因，对此内在心理生理机制的探索是最终服务于临床实践，促进大众心身健康水平提高的关键。

第一节　心理社会应激的神经机制——整合 fMRI 研究证据与 CPT 理论

一、情绪、认知的动态变化决定着心理社会应激的发生发展

Lazarus（1984）强调了应对方式在应激反应中的重要性，提出了经典的认知交互作用理论（Cognitive Phenomenological Transactional, CPT）。该理论把应激视为一个过程，认为应激是在人与环境交互影响中，经过若干中介因素作用后，个体对刺激情境经过认知、评价后所发生的。依据认知交互作用理论，引起刺激的应激源（stressor）既可能来自外部的社会环境和自然环境，也可能来自内部的心理冲突、疾病等。应激反应包括生理、情绪、认知和行为多个方面，且常常同时发生。Lazarus 的应激理论强调了主观认知评价和判断在应激发生发展中的关键作用，可以对许多心身性异

常症状的形成进行解释，因此被大多数专家学者所认可。

在本研究中，将心理社会应激的概念界定为受到社会性应激源刺激而发生的应激过程。而 LAZARUS 的认知交互作用理论是整体性地关于心理应激机制的理论，在依据该理论对心理社会应激发生发展进行解释时，有必要对其进行适当调整。此外，情绪反应也是决定应激发生发展的关键，情绪可以独立于认知，认知也可以决定情绪。在 LAZARUS 认知交互作用理论中，趋向于将情绪视为应激反应的一种，对两者之间关系的更深层次探讨略为不足。

当前研究认为，前额叶皮层的激活是心理应激时产生认知损伤的原因，同时也与可控性以及倾向性的情绪状态相关联。边缘系统则被称为"情绪脑"，在心理应激过程中，边缘系统在情绪的发生及调节中起着重要作用。边缘系统中的杏仁核是关键的情绪处理区域，当面对高度的心理社会压力时，杏仁核的兴奋性高。研究还证实，边缘系统中的海马体是应激中最易损伤的部位（Aguilera，2011），还可能与长期应激依赖性行为记忆有关（Weerda，2010），并能反映面对应激源刺激时的警惕或焦虑状态（Khalili-Mahani et al.，2011）。同时，海马体对信息加工处理时间上的暂停，有利于在中等压力下保持正常的心理健康水平（Cousijn et al.，2012）。此外，认知重评与认知调节皆是有效的情绪调节方式。在对压力进行认知重评时，能够增加大脑前额叶皮层以及左侧杏仁核有关的神经活动（Shermohammed et al.，2017）；而进行认知调节时，右额中回和右颞上回则发生了强烈的激活，而海马体的激活则相对较少（Kogler et al.，2015）。总之，在心理社会应激中，脑区的变化主要集中于边缘系统（包括海马、下丘脑、扣带回、杏仁核等），以及内侧、背外侧、腹内侧前额叶皮层，而这些脑区皆参与情绪与认知的形成。

依据已有的心理社会应激 fMRI 研究，在心理社会应激过程中，认知与情绪之间存在着一种交互作用，这种交互作用决定着应激的发生发展。其证据是：参与认知控制的大脑区域同时也处理情感信息；记忆和情绪之间的变化皆与右前额叶皮层相关；应激所引起的情感变化与前额叶皮层有关，而认知的变化也与边缘系统有关；前额叶皮层除了对事件进行评价赋予事件意义，也参与情绪的调节；而边缘系统除了调节情绪，也参与认知评价的过程；情绪与认知之间是高度互动且是一体的；在脑中是一个深度整合的过程。更有研究证实，情感与认知之间的相互作用取决于目标识别的难点和相关资源加工的限制（Siciliano et al.，2017）。因此，在应激过程中，情绪与认知虽然也有先后但没有必然的前后之分。在2009年，Dedovi等人曾经开发了一个事件相关任务（eventmist）的研究范式（Dedovi et al.，2009），在该研究挑战性任务阶段，受试者的双侧背内侧前额叶皮层、左颞极和右背外侧前额叶皮层的神经活性增加；而在回应负面社会评价阶段，其边缘系统脑区的神经活性减少。依据于该研究成果可以推测，情绪与认知之间处于一种动态的变化中。

基于此，心理社会应激的神经机制可以总结为：在以负性生活事件为主的社会性应激源刺激下，既可能引起前额叶脑区神经活性的变化，也可能引起边缘系统脑区神经活性的变化；在不同社会性应激源刺激下，所引起的前额叶脑区与边缘系统脑区其内部的神经活性的变化各不相同，两者之间所形成的功能连接网络可能决定着情绪与认知之间的相互作用，且这种相互作用在应激源刺激下发生着动态的变化，并引起各种应激性的反应，还决定着应激水平的强弱与心身性异常性症状的产生（图3-1）。

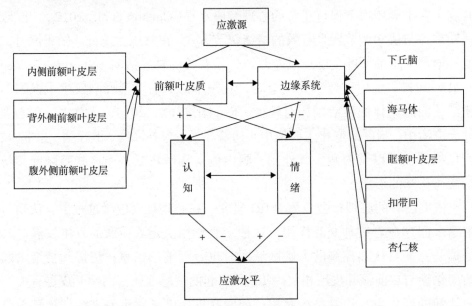

图3-1 应激发生发展过程中情绪认知的交互作用

二、神经系统的奖赏环路亦参与心理社会应激的发生发展

中脑皮质边缘多巴胺系统与神经奖赏反应有十分密切的关系。该系统主要包括两条投射通路：一条由腹侧被盖区（Ventral Tegmental Areal, VTA）投射到伏隔核及纹状体，被称为中脑边缘多巴胺系统；另外一条则是投射到前额叶皮质，被称为中脑皮质多巴胺系统。两条通路合称为中脑皮质边缘多巴胺系统。

神经奖赏环路的激活可能与心理应激期间情绪与认知的变化有关，且长期的压力会影响参与奖励处理的边缘系统脑区，以及与压力失调相关的中脑边缘多巴胺系统，会改变前额皮层（PFC）和伏隔核（NACC）之间的功能连接（Godfrey et al., 2018）。Ansell（2012）也强调，不断暴露在负性生活事件环境下，会导致大脑灰质中与奖赏活动相关的前额叶和边缘系统脑区体积的萎缩。还有研究发现，父母的关怀与潜在的奖赏反应增加相关，而同伴侵害则与潜在的奖赏反应降低相关（Casement et al., 2014）。依据精神病理学发展模式假说理论，慢性的心理社会应激源刺激所导致的神经奖赏环路的损伤是青少年抑郁症的病因。同时，当前研究还证实了，心理社会应激所引起的焦虑及成瘾性行为皆与神经奖赏环路的损伤密切相关。基于急慢性心理社会应激与神经奖赏环路研究的相关成果，可以将"精神病理学发展模式"假说与 Lazarus 的 CPT 理论模型以及本书中的观点进一步整合，以对心理社会应激其发生发展的过程进行更好地分析。

对心理社会应激神经机制的整合（图 3-2）：在心理社会应激刺激下，既可能通过破坏大脑神经奖赏环路，间接作用于前额叶皮质与边缘系统脑区，也可能直接作用于前额叶皮质与边缘系统脑区，从而引起情绪与认知方面的变化。前额叶与边缘系统两者之间的功能连接网络，决定着情绪与认知交互作用的原因，并引起各种应激性的反应，进而决定着应激水平的强弱与心身性异常症状的产生。

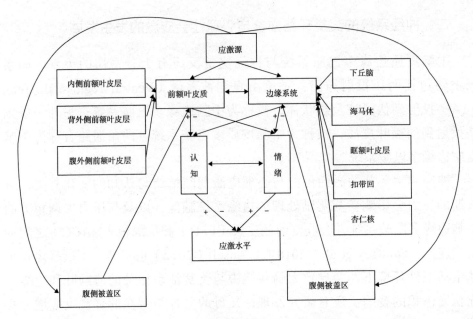

图 3-2　对心理社会应激机制的整合

第二节　对心理社会应激运动干预神经机制的探讨

在应激过程中，情绪与认知是一个动态的变化。恰如在日常生活中有的人"城府很深"，遇事"喜怒不形于色"，这是一种认知决定着情绪的表现；有的人生气的时候即便是有人在说好话他也会暴跳如雷等，这是一种情绪影响认知的表现。也就是说，在心理社会应激过程中，情绪与认知实际上存在着先后关系，这种先后关系往往受到人口学、生物学因素的影响。

一、自然环境与社会环境

自然环境是影响心理社会应激发生发展的重要因素。通过对城市和农村居民的对比研究发现，城市环境通过影响参与奖励处理的边缘系统脑区，从而引起了与心理社会应激相关的"城市化"精神疾病（Streit et al., 2014）。

社会环境常包含着人与人之间的交往沟通方面。其中，依恋是在人际关系中渴望得到亲密关系的心理倾向。依恋也是建立亲密人际关系的动力因素。当前的研究结果表明，诱发依恋的急性应激（ASI）会导致边缘系统神经活性的下降（Nolte et al., 2013）。研究还表明，在社会环境中获得的社会支持越多，越有利于调节心理社会应激水平。一项以癌症患者为研究对象所进行的神经影像研究中，受试者在完成了一项旨在激发杏仁核活动的威胁反应任务后，进行了功能性磁共振成像扫描。该研究结果显示，更高水平的社会支持与杏仁核反应活性降低有关（Muscatell et al., 2015）。

二、性别、年龄

性别是影响心理社会压力的重要生物学因素，性别差异可能与引起精神障碍的应激水平相关（Merz et al., 2013），男性应激压力与右前额叶皮层（RPFC）的脑血流量增加以及左侧的减少有关；相反，女性所承受的应激压力主要激活其边缘系统，包括腹侧纹状体、壳核、脑岛和扣带回皮质

（Wang et al.，2007），而双侧尾状核和左侧丘脑可调节女性对人际关系中不愉快信息的敏感性（Shirao et al.，2005）。研究认为，与女性相比，在消极的情绪处理过程中，男性有更多的理性评估而不是纯粹的情感；在性别差异的原因分析上，全脑分析还显示，双侧岛叶、下、中和额上回被激活有助于降低男性的压力等级（Lee et al.，2013）；还有学者认为，男性责任心与右侧杏仁核激活呈正相关，还能介导杏仁核对皮质醇输出的影响（Dahm et al.，2017）。

在年龄与心理社会应激研究领域方面，人们在青少年时期所遭受的负性生活事件经历，是许多临床心理疾病发生的重要诱因。一项综述研究认为，早期的应激性生活事件会导致成年人大脑海马结构和功能的异常（McCrory et al.，2011），以及在应激压力下，表现出迟钝的应激反应和边缘系统的失活（Grimm et al.，2014）。此外，应激适应还会随着年龄的增长而发生变化，在记忆编码过程中，皮质醇应激反应对年轻人的前额叶活动有积极的影响，对老年人则没有；在记忆检索过程中，皮质醇应激反应对老年人的海马结构和前额叶区域的大脑活动有负面影响，但对年轻人却没有（Kukolja et al.，2008）。

总之，依据 fMRI 研究证据，不同年龄、不同性别的个体在心理社会应激中所形成的差异也由边缘系统和前额叶脑区所决定着。

三、人格

人格影响着人对应激情境的主观判断和评价，可以预测应激反应的强度。心理社会资源是人格研究中的一个概念，指的是可能帮助人们感知潜在的威胁事件，干预被他们认为具有威胁性事件的倾向。在心理社会应激相关的急性威胁调节任务中，心理社会资源与右腹外侧前额叶皮层和杏仁核活动减少有关，但在威胁敏感任务中与杏仁核活动减少无关（Taylor and Stanton，2007）。在长期慢性应激过程中，人格与海马体积的变化显著相关，且能够调节老年人年龄相关的认知和脑容量的下降（Pruessner et al.，2005）。人格还能影响现实生活中应激性事件对食欲脑区的调节，从而有助于解释为什么应激压力会影响神经奖赏环路，并导致了一些人的暴饮暴食（Neseliler et al.，2017）。

四、生物学因素

神经细胞所分泌的神经递质、内分泌细胞所分泌的激素以及免疫细胞所分泌的细胞因子，它们之间相互作用、交互影响，共同参与应激的发生发展过程。当前，一些学者将神经、内分泌、免疫等生物学指标与 fMRI 研究相结合，在更深层次上对心理社会应激其神经机制进行了探索。

其中，尿酸水平与一些精神病理学症状（如焦虑和抑郁）有关，一项与社会心理应激任务相关的研究发现，双侧海马复合体的活性随着尿酸浓度的变化而变化，特别是海马体和周围皮质的活性随着尿酸水平的增加而增加。该研究据此认为，在应激过程中，尿酸水平调节着海马体的活动，进而对心理应激过程中的情绪反应进行调节（Goodman et al., 2016）。

研究早已证实，应激会促进肾上腺髓质和肾上腺皮质激素的分泌，从而能够调节诸多的心理生理机能。Lewis 等人（2014）的研究发现，急性应激所致的血浆皮质醇变化可以影响纹状体的功能，并引起神经奖赏惩罚活动的变化，这是应激发生发展的重要原因。在单卵双胎糖皮质激素受体基因（NR3C1）中，糖皮质激素应答元件（GRE）在外显子 1D 的超甲基化与焦虑抑郁障碍一致，表明该区域可以增加心理社会应激易感性，并部分通过改变海马体连接介导的（Palma-Gudiel et al., 2018）。

研究还发现，急性应激中，去甲肾上腺素与杏仁核和海马体中的糖皮质激素相互作用，对杏仁核和海马体中的 α2B 肾上腺素能受体基因依赖性产生影响，从而增强了大脑对情绪记忆的巩固。动物实验还证实，神经肽 S 具有抗焦虑作用，且能引起下丘脑—垂体—肾上腺轴的激活。人们发现，神经肽 S 受体 1（NPSR1）基因（rs324981）的表型与焦虑和压力相关，在应用 fMRI 技术的一个心理社会应激研究任务中，rs324981 和城市环境对右侧杏仁核的反应有一个明显的交互作用，该研究据此支持了基因/环境交互作用调节中枢压力的观点。

雄烯二酮（Andr）是一类甾体类化合物，对女性来说，该激素的一部分是由肾上腺分泌的，另一部分是由卵巢分泌的，是一种与女性相关的能够调节主观评价和神经生理反应的化学物质。一项基于 fMRI 的研究发现，由于 Andr 调节了前额叶的神经激活，因而可以对应激反应的性别差异进行解释（Chung et al., 2016）。

五、基于 fMRI 研究证据对心理社会应激运动干预机制的探讨

"如果你面对压力什么也不做，接下来你就会知道，你已经崩溃了"（Ellis et al., 2015）。心理社会应激干预常用的方法包括教育、行为训练、心理综合训练、音乐、按摩以及心理治疗等，运动疗法中的体育锻炼也是调节应激压力的重要手段，其积极作用已得到了共识。

体育锻炼相较于其他心理社会应激干预手段的优势在于，无论性别、年龄以及身体健康状况异常与否皆可以参加，且只要能够长期坚持合理的运动，就会获得益处。从生理学角度来说，竞技体育或长期的锻炼都是有目的的，给予机体超出正常生理水平的刺激，这种刺激本质上属于躯体性应激源所产生的刺激。在运动应激刺激下，机体的神经、内分泌、免疫、循环、呼吸等器官和系统皆会发生一系列的调整。例如，由于神经系统的调整，健身者的呼吸会加深、加快，血压、心率也会增加，与运动有关的器官和组织，如心脏、骨骼肌等的血流量会增加，而与运动无关的则会减少；此外，由于肾上腺皮质和髓质所分泌激素的增加，导致了分解代谢的加强以及合成代谢的减弱，从而为机体提供更多的能量与代谢底物以面对刺激情境；当运动时间过长，还会出现机能的下降并导致运动性疲劳，如果长时间处于疲劳状态中，还会出现各种运动性的损伤，甚至导致疾病。个体对运动应激刺激适应的过程，也是其运动能力不断提高的过程，在这个过程中，包括神经内分泌免疫在内的器官系统的机能皆会随之提高。这种提高从生理途径直接改善了包括面对社会性应激源刺激在内的应激适应能力。基于此，Sothmann 在 1996 年提出了跨应激源适应假说（The Cross-Stressor Adaptation Hypothesis）理论。

在基于 fMRI 的研究中，与心理社会应激运动干预相关的成果不多。一项以老年人为研究对象的研究，通过调查老年人群体所经历的生活事件，发现体育锻炼可以减轻心理社会压力对海马体和记忆的不利影响（Head et al., 2012）。在另一项研究中，其应激任务是改编版的蒙特利尔成像应激任务范式，该研究发现，运动组受试者的皮质醇应激反应明显减少，同时

大脑双侧海马体（HIPP）具有高活性，而前额叶皮质（PFC）则有较低的活性。皮质醇浓度的下降与情绪的改善相关联，且在该研究中，前额叶和海马同时发生着变化，提示在这个过程中可能发生着情绪与认知之间的交互变化。

此外，基于 fMRI 研究还证实了体育锻炼能显著性地增加大脑右额叶和枕部区域的灰质密度（Falkai et al.，2013），还可以显著性地增加海马体积，包括与神经发生有关的齿状回区域（Erickson et al.，2011），以及增强海马神经突触的可塑性（Van-Praag et al.，2009）；体育锻炼还能够降低纤维肌痛患者的症状，改善患者的认知加工并增加与杏仁核相关的任务激活（Martinsen et al.，2018）。研究发现，血管性认知功能损害（VCI）的患者在参加有氧锻炼后，其大脑左侧枕叶皮质和右侧颞上回的激活减少（Hsu et al.，2018）；而轻度认知功能障碍（MCI）的患者在 12 周的运动干预后，患者在额叶、顶叶、颞叶、岛叶和小脑等区域显示出更高的连通性（Chirles et al.，2017）。

虽然当前在心理社会应激中，以体育锻炼为主的运动干预的研究成果不多，但基于体育锻炼可以引起脑结构的改变，并对脑功能网络有着直接的影响。

综上所述，心理社会应激运动干预神经机制（图 3-3）是指以体育锻炼为主的运动干预，可以对前额叶皮层、边缘系统和中脑皮质边缘多巴胺系统产生影响，进而改善情绪与认知，且随着运动所致的生理机能的增强，这种改善也会发生一定的变化，从而有益于心理社会应激水平的缓冲。

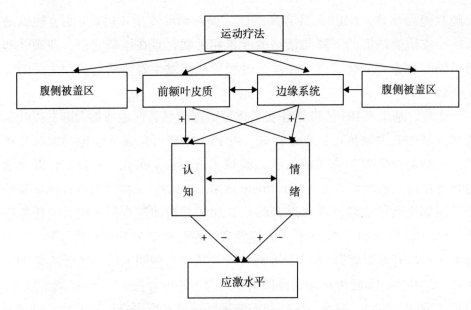

图 3-3 心理社会应激运动干预神经机制

本章小结

在社会应激源刺激下，个体所发生的一系列行为、情绪、认知与生理反应，这一过程便是心理社会应激。fMRI 是研究心理社会应激其发生发展内在机理的一项重要技术。基于 fMRI 研究发现，长期心理社会应激会导致脑区体积减少，在急性心理社会应激刺激下，会有不同脑区活性和脑功能连接的变化，且变化主要集中于前额叶、边缘系统以及中脑皮质边缘多巴胺系统，继而引起了情绪与认知的变化，且前额叶与边缘系统之间的脑功能连接是决定着情绪与认知两者之间交互作用形成的关键。在应激过程中，不同脑区神经活性以及脑功能连接的变化存在着复杂的个体差异，这种差异是由自然环境、性别、年龄、人格和遗传等诸多因素共同决定的。本研究认为，认知与情绪两者之间的交互作用是决定着心理社会应激发生发展及其运动疗法效果的关键。

在心理生理机制方面，虽然当前研究可以通过神经功能成像技术揭示心理社会应激过程中脑结构与功能所发生的变化，但研究的数量甚少也不深入，并未完整地揭示在不同社会性应激源刺激下整体的脑神经变化的规律与特点，对一些相关联的生物学机制的研究更是不足。本研究中虽然提出了前额叶与边缘系统之间的功能连接决定着情绪认知之间交互作用的观点，但在机制上依然还有许多未明之处。例如，前额叶皮层包含着内侧、外侧等解剖分区，边缘系统又包含着海马体、眶额叶皮层、杏仁核等结构，在应激源刺激下，同一脑区内部以及不同脑区之间的神经活性，以及功能连接并不相同，其原因是什么；在心理社会应激过程中，情绪与认知两者之间虽不存在着必然的前后，但还是有先后的区别，两者之间的关系还受到哪些人口学、生物学因素的影响；当前研究还证实，适度的应激可以提高适应能力，过度的应激才会造成损害，其适度与过度之间如何进行科学的量化以及与情绪和认知存在哪些心理生理相关联等。

心理社会应激运动干预中的体育锻炼具有便捷性和有效性，是未来值得发扬光大的一种干预手段。体育锻炼所形成的积极心理生理效益，是基于运动形式、运动量和运动强度的组合所形成的联合效益，不同的心理社会应激源刺激作用于同一个个体，不同个体面对同一种心理社会应激源刺激，皆存在着千差万别的适应性变化。研究还证实，运动干预可以对神经内分泌免疫网络产生积极影响，进而调整应激水平。早期，国内外学术界就已在推广"医生要学会开运动处方"的理念，并研究针对于不同心理社会应激群体制定个性化的运动处方标准等。综上所述，对心理社会应激机理的最终掌握，还需要更多的时间，进行更多的努力。

参考文献：

[1] AGUILERA G. HPA axis responsiveness to stress: implications for healihy aging [J]. Experimental gerontology, 2011, 46（2/3）: 90-95.

[2] COUSIJN H, RIJPKEMA M, QIN S, et al. Phasic deactivation of the medial temporal lobe enables working memory processing under stress.neuoimage [J].neuoimage. 2012, 59（2）: 1161-1167.

[3] CASEMENT M D, GUYER A E, HIPWELL A E, et al. Girls' challenging social experiences in early adolescence predict neural response to rewards and depressive symptoms [J]. Dev cogn neurosci, 2014（8）: 18-27.

[4] CHUNG K C, PEISEN F, KOGLER L, et al. The influence of menstrual cycle and androstadienone on female stress reactions: an fMRI study [J]. frontiers in human. neuroscience, 2016（10）: 1-13.

[5] CHIRLES TJ, REITER K, WEISS L R, et al. Exercise training and functional connectivity changes in mild cognitive impairment and healthy elders [J]. J alzheimers dis, 2017, 57（3）: 845-856.

[6] DEDOVIC K, REXROTH M, WOLFF, E, et al. Neural correlates of processing stressful information: an event-related fMRI study-sciencedirect [J]. Brain research, 2009（1293）: 49-60.

[7] DAHM A S, SCHMIERER P, VEER I M, et al. The burden of conscientiousness? Examining brain activation and cortisol response during social evaluative stress [J]. Psychoneuroendocrinology, 2017（78）: 48-56.

[8] ERICKSON K I, VOSS M W, PRAKASH R S, et al. Exercise training increases size of hippocampus and improves memory [J]. proceedings of the national academy of Sciences, 2011, 108（7）: 3017-3022.

[9] ELLIS K R, GRIFFITH D M, ALLEN J O, et al. "If you do nothing about stress, the next thing you know, you're shattered": perspectives on african

american men' s stress, coping and health from african american men and key women in their lives [J]. Social Science and Medicine. 2015（139）: 107-114.

[10]FALKAI P, MALCHOW B, WOBROCK T, et al. The effect of aerobic exercise on cortical architecture in patients with chronic schizophrenia:a randomized controlled MRI study[J]. Eur arch psychiatry clin neurosci, 2013, 263 （6）: 469-473.

[11]GRIMM S, PESTKE K, FEESER M, et al. Early life stress modulates oxytocin effects on limbic system during acute psychosocial stress [J]. Soc cogn affect neurosci, 2014, 9（11）: 1828-1835.

[12]GOODMAN A M, WHEELOCK M D, HARNETT N G, et al. The hippocampal response to psychosocial stress varies with salivary uric acid level [J]. Neuroscience, 2016（339）: 396-401.

[13]GODFREY J R, DIAZ M P, PINCUS M, et al. Diet matters: glucocorticoid-related neuroadaptations associated with calorie intake in female rhesus monkeys [J]. Psychoneuroendocrinology, 2018（91）: 169-178.

[14]HEAD D, SINGH T, BUGG J M. The moderating role of exercise on stress-related effects on the hippocampus and memory in later adulthood [J]. Neuropsychology, 2012, 26（2）: 133-143.

[15]HSU C L, BEST J R, DAVIS J C, et al. Aerobic exercise promotes executive functions and impacts functional neural activity among older adults with vascular cognitive impairment [J]. British journal of sports Medicine, 2018, 52（3）: 184-191.

[16]KUKOLJA J, THIEL C M, WOLF O T, et al. Increased cortisol levels in cognitively challenging situations are beneficial in young but not older subjects[J]. Psychopharmacology, 2008, 201（2）: 293-304.

[17]KHALILI-MAHANI N, DEDOVIC K, ENGERT V, et al. Hippocampal activation during a cognitive task is associated with subsequent neuroendocrine and cognitive responses to psychological stress [J]. hippocampus, 2010, 20（2）: 323-334.

[18]KOGLER L, GUR R C, DERNTL B. Sex differences in cognitive regulation of psychosocial achievement stress: brain and behavior [J]. Hum brain mapp, 2015, 36（3）: 1028-1042.

[19]LAZARUS R S, FLOKMAN S. Stress,appraisal and coping[J].NewRork: Springer, 1984:181-223.

[20]LEE M R, CACIC K, DEMERS C H, et al. Gender differences in neural-behavioral response to self-observation during a novel fMRI social stress task [J]. Neuropsychologia, 2014（53）: 257-263.

[21]LEWIS A H, PORCELLI A J, DELGADO M R. The effects of acute stress exposure on striatal activity during Pavlovian conditioning with monetary gains and losses [J]. Frontiers in beahavioral neuroscience, 2014（8）: 1-11.

[22]LUNGU O, POTVIN S, TIKÀSZ A, et al. Sex differences in effective fronto-limbic connectivity during negative emotion processing [J]. Psychoneuroendocrinology, 2016（62）: 180-188.

[23]MCCRORY E, DE-BRITO S A, VIDING E. The impact of childhood maltreatment: a review of neurobiological and genetic factors [J]. Frontiers in psychiatry/Frontiers research foundation, 2011（2）: 1-14.

[24]MERZ C J, WOLF O T, SCHWECKENDIEK J, et al. Stress differentially affects fear conditioning in men and women [J]. Psychoneuroendocrinology, 2013, 38（11）:2529-2541.

[25]MUSCATELL K A, DEDOVIC K, LAVICH G M, et al. Greater amygdala activity and dorsomedial prefrontal-amygdala coupling are associated with enhanced inflammatory responses to stress [J]. Brain behavior and immunity, 2015（43）: 46-53.

[26]MARTINSEN S, FLODIN P, BERREBI J, et al. The role of long-term physical exercise on performance and brain activation during the Stroop colour word task in fibromyalgia patients [J]. Clin physiol funct imaging, 2018, 38（3）: 508-516.

[27]NOLTE T, BOLLING D Z, HUDAC C M, et al. Brain,mechanisms underlying the impact of attachment-related stress on social cognition [J].

Frontiers in human neuroscience, 2013（7）: 1-12.

[28]NESELILER S, TANNENBAUM B, ZACCHIA M, et al. Academic stress and personality interact to increase the neural response to high-calorie food cues [J]. Appetite, 2017（116）: 306-314.

[29]PRUESSNER J C, BALDWIN M W, DEDOVIC K, et al.Self-esteem, locus of control, hippocampal volume, and cortisol regulation in young and old adulthood [J]. Neuroimage, 2005, 28（4）: 815-826.

[30]PALMA-GUDIEL H, CÓRDOVA-PALOMERA A, TORNADOR C, et al. Increased methylation at an unexplored glucocorticoid responsive element within exon 1D of NR3C1 gene is related to anxious-depressive disorders and decreased hippocampal connectivity [J]. European neuropsychopharmacol, 28（5）: 579-588.

[31]SOTHMANN M S, BUCKWORTH J, CLAYTOR R P, et al.Exercise training and the cross-stressor adaptation hypothesis [J]. Exercise and sport sciences reviews, 1996（24）: 267-287.

[32]SHIRAO N, OKAMOTO Y, OKADA G, et al. Gender differences in brain activity toward unpleasant linguistic stimuli concerning interpersonal relationships:an fMRI study [J]. European archives of psychiatry and clinical neuroscience, 2005, 255（5）: 327-333.

[33]STREIT F, HADDAD L, PAUL T, et al. A functional variant in the neuropeptide S receptor 1 gene moderates the influence of urban upbringing on stress processing in the amygdala [J]. Stress, 2014, 17（4）: 352-361.

[34]SHERMOHAMMED M, MEHTA P H, ZHANG J. Does psychosocial stress impact cognitive reappraisal? behavioral and neural evidence [J]. J cogn neurosci, 2017, 29（11）, 1803-1816.

[35]SICILIANO R E, MADDEN D J, TALLMAN C, et al. Task difficulty modulates brain activation in the emotional oddball task[J]. Brain Res, 2017(1664): 74-86.

[36]TAYLOR S E, STANTON A L. Coping resources, coping processes,and

mental health [J]. Annual review of clinical psychology, 2007（3）: 377–401.

[37] VAN-PRAAG H. Exercise and the brain: something to chew on rends[J]. Trends Neurosci, 2009, 32（5）: 283-290.

[38] WANG J, KORCZYKOWSKI M, RAO H, et al. Gender difference in neural response to psychological stress [J]. Social cognitive and affective neuroscience, 2007, 2（3）: 227-239.

[39] WEERDA R, MUEHLHAN M, WOLF O T, et al. Effects of acute psychosocial stress on working memory related brain activity in men [J]. Hum brain mapp, 2010, 31（9）: 1418-1429.

第四章 基于内分泌指标变化的证据对心理社会应激运动干预机制的研究

第一节 心理社会应激运动干预的积极效益与
皮质醇的动态变化相关联

体育锻炼被认为是心理社会应激的有效干预手段，但对其积极效果内在机理的研究甚是不足。皮质醇的检测方法极为成熟，还可以从唾液、尿液以及毛发中对其进行检测，具有极佳的便利性和无损伤性；同时，皮质醇还与神经、内分泌、免疫等系统的机能变化密切相关，能够反映不同人群在急、慢性应激刺激时心身交互作用的内在机理。在竞技体育中，皮质醇常被用来监控运动员机能的变化，是训练计划的制订与竞技状态评估的重要依据。基于此，本研究试图借鉴竞技体育中机能监控的理念，基于皮质醇变化规律与心身健康之间关系的研究证据，并应用经典的认知交互作用理论（Cognitive Phenomenological Transactional，CPT）的观点，对心理社会应激运动干预的心理生理机制进行分析，以促进心理危机实时监控和预警系统的建立，以及相关干预手段的完善，最终为促进大众心身健康水平的提高提供一定的理论依据。

研究发现，较大的压力感知与较少的体育活动参与情况相关，且能够被皮质醇的变化所反映。Hansen等人的研究发现，在闲暇时间经常参加体力活动者，夜间唾液皮质醇含量较高，且压力感知更小（Hansen et al.，2010），故精力也更旺盛；除唾液皮质醇以外，头发中皮质醇浓度的变化也可反映某一应激性事件对内分泌功能的长期影响，也是一个反映压力水平的良好生理指标。一项探索大强度（vigorous physical activity，VPA）水平的身体活动和头发皮质醇浓度之间关系的结果显示，两者之间呈显著正相关并与压力感知的减少相关（Gerber et al.，2013）；故皮质醇浓度高于非锻炼人群是体育锻炼促进心身健康的表现。研究还证实，如果皮质醇浓度过浓亦对健康产生不利的影响，体育锻炼的积极效用也表现为干预后皮质醇浓度的减少。一项以大学生为研究对象的研究发现，高压力感知和低体力活动水平与急性应激所引起的唾液皮质醇水平的增加有关，且经常参加高水平体力活动者在面对急性应激刺激时具有较好的心理保护能力（Gerber et al., 2017）；另一项使用了尿液皮质醇的研究结果也表明，运动改善了应激所致的内分泌反应，致使 24 小时尿液皮质醇排泄量减少并减轻了抑郁症状（Nabkasorn et al., 2006）；此外，依据唾液皮质醇的变化，长期处于与世隔绝的应激情境增加了航天员心理压力水平以及心理生理方面的损害，致使其脑电活性减少，唾液皮质醇水平增加，而适度的运动可以抵消这种心理损害（Jacubowski et al., 2015）。以上研究提示，心理社会应激运动锻炼干预过程中皮质醇的变化是一个复杂的动态变化；研究还发现，应激所致的心身性异常与皮质醇昼夜分泌节律的紊乱密切相关。女性乳腺癌患者在运动锻炼干预后，其唾液皮质醇分泌节律出现显著性的变化，表现为晨起时皮质醇水平的增加（Saxton et al., 2014），以及更为陡峭的斜率（Ho et al., 2018），且皆有利于一些异常心理症状与疾患的改善；Heaney 等人在 2014 年考察了老年人体力活动的情况后发现，运动可以保护性地增加皮质醇与脱氢表雄酮之间的比率，故有一个更加平坦的昼夜节律（Heaney et al., 2014），并有益于减少压力感知。

总之，在心理社会应激干预过程中，皮质醇水平的变化既有有利于机体的一面也有对心身健康的消极影响，这是一个复杂的过程。因此，在心理社会应激运动干预的研究中，不能仅仅局限于静态分析，更应该着眼于对其动态变化的探索。

第二节 基于认知交互作用理论并结合皮质醇监控证据对运动干预所起积极作用的分析

一、基于 CPT 理论对心理社会应激运动干预积极效用机制的研究

（一）运动干预与 CPT 模型中的"认知评价"

在 Lazarus 的认知交互作用理论中，"认知评价"包含"初级评价"与"二级评价"两个过程。其中初级评价为对威胁性的评估，二级评价为对威胁应对能力的判断。在心理社会应激过程中，经过认知评价后会引起各种心理生理反应，且由于受到不同的文化、教育和遗传等诸多人口学及生物学因素的影响，不同个体在面对同一应激源刺激以及同一个体在面对不同应激源刺激时，所做出的认知评价和判断不相同，故应激水平也不相同，因此"认知评价"在应激的发生发展过程中起着关键的作用。

研究证实，体育锻炼可以调节"认知"，进而改善压力感知及相关联的心身性异常症状。其中一项研究发现，"秋千"这种形式运动可以调节平衡与位置感知觉，从而显著降低了焦虑状态，该研究据此认为，秋千运动可以成为缓解应激及相关疾病的一种潜在的方法（Sailesh et al.，2015）。动物研究还发现，运动可以增加海马体积，进而改善应激所致的学习和记忆能力的损害，并将对记忆的负面影响降到最低，故缓冲了心理社会应激水平。

皮质醇亦与心理社会应激刺激所引起的认知变化相关联。研究还发现，长期存在高度歧视知觉个体的下丘脑—垂体—肾上腺轴活性也较低；Wang 等人的一项研究则发现，慢性心理社会应激刺激会诱发异常的心理生理症状和更高水平的皮质醇，并成为压力和疼痛感知之间关联的中介因素，而经常参加体育锻炼能够对此进行调节（Wang et al.，2016），故在心理社会应激体育锻炼干预过程中，认知的变化可被皮质醇变化所反映。同时，许

多源自竞技体育中的证据进一步证实了"认知评价"与皮质醇之间的关联。研究发现，运动前的预期皮质醇反应通过对认知过程和注意控制的影响调节了运动员的赛前状态（Van-Paridon et al.，2016）；Monasterio 等人则以极限运动员为研究对象，发现"勇敢的跳"这类运动员尽管存在焦虑和缺乏经验，但他们却有较高的交感神经系统活性以及皮质醇水平。

总之，运动干预能够调节应激过程中的"认知评价"对心身健康的不利影响，但运动是通过何种途径而影响了 CPT 模型中的"初级评价"与"二级评价"两个过程，以及在整个过程中发生了哪些神经生理方面的变化，如何对此进行监控以做好心理危机的预警及应对，未来还需要深入探索。

当然，也有研究发现，运动能够显著提高自我效能，但自我效能感的变化和皮质醇却无显著相关性（Wardwell et al.，2013），其原因还有待研究。

（二）运动干预可以促进 CPT 理论模型中"应对"能力的提高

应对（coping）的概念目前未达成共识。Holahan（1987）将应对定义为"寻求对现实保护的任何努力"；在 Lazarus 的 CPT 理论中则认为"应对是个体处理使自身的资源负担沉重或不堪重负的各种需求的过程"，Lazarus 还进一步指出，"应对由各种努力所组成，通过行动和内心思索去处理环境中和心理内部的各种需求以及各种需求之间的冲突"。当前的研究还证实，皮质醇水平的轻微增加可能对应对能力有积极的影响，且有益于体育活动对生活质量的促进（Mura et al.，2014）。当前研究中还存在着一个"悖论"：心理应激和体育锻炼皆能够诱导皮质醇水平的增加，但心理应激所诱导的常对记忆、情绪、应对和脑的可塑性有害；而体育锻炼则常常是有益。为何会存在这种矛盾的现象？Chen 认为，运动在升高皮质醇水平的同时，还通过糖皮质激素受体提高了大脑内侧前额叶的多巴胺浓度，而多巴胺是积极应对中必不可少的一种神经递质，故有益于应激适应；还有学者从体质的角度进行了研究，认为相较于高体质水平的人群，低体质水平的人群具有较高的下丘脑—垂体—肾上腺轴（HPA）活性（Jayasinghe et al.，2016），且在当前的研究中，许多是以低体质水平人群为研究对象的，所以其皮质醇的变化往往灵敏且对身心健康有益；此外，此悖论产生的原因也可能与皮质醇的唤醒反应（Cortisol Awakening Response，CAR）有关。

所谓皮质醇的唤醒反应，是指早上醒来 30 分钟后，皮质醇浓度会升高并达到峰值然后一天内逐渐下降的现象。研究还发现，运动锻炼可以改善皮质醇唤醒反应并与应激应对能力的提高相关（Cahn et al.，2017）；还有研究认为，这种悖论的产生是与神经系统的变化相关联的，可能是自主神经系统在其中发挥的作用等。

（三）运动锻炼可以调节 CPT 模型中的"应激性反应"

1. 行为反应

长期处于心理社会应激刺激下会出现行为异常，如吸烟酗酒、成瘾行为、饮食紊乱等。研究证实，成瘾行为会使下丘脑—垂体—肾上腺轴的活动以及皮质醇分泌失衡，致使更多的负面情绪产生和主观应激压力水平的短暂性升高。此外，还有研究发现，吸烟者皮质醇水平和促肾上腺皮质激素（Adrenocorticotropic hormone，ACTH）值明显高于非吸烟者，且和 SCL-90 总分呈显著正相关。同时，皮质醇还与饮食紊乱以及病理性赌博的严重程度呈负相关，故心理社会应激所诱发的行为反应可被皮质醇的变化所反映。

研究还发现，较少的运动与一些心理社会问题，如网络成瘾相关，而经常参加体育锻炼则能够调节心理应激所致的异常行为反应，有效提高生活质量，并能够增加体育兴趣而减少强迫性互联网的使用，还可以通过促进皮质醇浓度的适度增加而有效地获得积极的情绪体验，并可能促进锻炼行为的增加，这些皆有益于心身健康。

在心理社会应激运动干预过程中，皮质醇与应激性行为反应关联的研究少见于当前的文献报道，但依据竞技体育中的研究，比赛实质上也是一种"社会性应激源"，利用赛前唾液皮质醇水平的变化，可以预测运动员的竞技行为，尤其是在技术性运动项目中，如团体操。此外，在竞技比赛中，对运动员来说，参加"主、客场"比赛是另一种"社会性应激源"。相较来说，运动员更喜欢在主场比赛，发挥水平往往高于在客场。为解释这一现象，一项研究发现，主场比赛运动员承受的压力更高且血液皮质醇浓度会适度增加，该研究认为，这是一种对应激性行为反应有积极影响的心理生理变化，因此运动员更有斗志，有益于其竞技水平的发挥。

2. 情绪反应

应激过程中会伴有各种情绪反应，积极情绪能促进注意力的集中以及感知觉的灵敏，进而做出有利于自身的应激反应；反之，当处于消极的情绪状态下，常常会引起异常的生理反应，进而可能导致各种心身性异常症状与疾患。因此，应激性的情绪反应被认为是决定应激强度的关键。研究还认为，体育锻炼能够调节任何压力所引起的负面情绪而对心身健康有益。

在应激、情绪与皮质醇相关研究方面，Jin 使用心算、负性情绪电影作为心理应激源，证实了在太极拳锻炼干预后，受试者的唾液皮质醇水平明显下降而情绪状态却有所改善（Jin，1992）。另一位学者 Statrkweather 则以年龄在 60 ～ 90 岁的老年人为研究对象，经过 10 周的运动锻炼干预后，发现受试者皮质醇水平显著性降低而积极情绪则显著性增多（Statrkweather，2007），故运动所引起的皮质醇水平的变化可能是积极情绪增加的原因。

关于情绪与皮质醇两者之间的关系，Schell 在研究中发现，瑜伽练习对压力和情绪皆有改善作用，但皮质醇却无显著性的变化（Schell et al.，1994）。

3. 生理反应

应激会促进促肾上腺皮质激素（adrenocorticotropic hormone，ACTH）的分泌，而 ACTH 浓度的升高则会引起皮质醇分泌的增加。动物研究发现，小鼠血液中不但有皮质酮也有皮质醇，在慢性应激过程中，皮质酮是比皮质醇更适合的生物标志物；而在急性应激过程中，皮质醇比皮质酮的反应更灵敏（Gong et al.，2015）。皮质醇在应激反应中起着核心的生理作用，其原因是皮质醇具有抗胰岛素作用，不仅可以促进肝糖原异生增加糖储备，还可以促进蛋白质、脂肪的分解，最终为个体在应激情境下的"搏斗"或"逃跑"反应提供更多的代谢底物与能量。此外，皮质醇还在平衡情绪、调节血压、增强免疫水平以及维护缔结组织机能等方面具有重要的作用，因此皮质醇的变化是应激的核心生理特征之一，应激性皮质醇反应失调也是大脑中枢失调的一个外周标记，且不利于健康。

运动锻炼可以调节下丘脑—垂体—肾上腺轴（HPA）机能，并能够提高肾上腺的敏感性，以及促进促肾上腺皮质激素释放因子（corticotrophin-releasing factor，CRF）水平的增加，从而能够减少焦虑相关的行为。针对急性心理社会应激的缓冲作用也依赖于这种负反馈机制，故能够减轻应激性皮质醇反应，而有益于应激适应。为证实这种变化是否与遗传因素相关，Kirschbaum 等人以 13 对同卵（MZ）双胞胎和 11 对异卵（DZ）双胞胎为研究对象，并以演讲和心算任务为应激源，发现遗传似乎对此无影响（Kirschbaum et al.，1992）。

总之，运动锻炼干预可以调节应激性的心理、生理和行为反应，且能够被皮质醇变化所反映，故有益于减少压力感知，调节心身性异常症状。但当前的许多证据还是源自竞技领域，竞技体育与大众健身毕竟存在着诸多不同，为确切地了解相关机制，未来还需要有针对性地进行更加深入的探索。

4. 对心理社会应激运动干预积极效用机制的总结

基于皮质醇变化证据并结合 CPT 理论分析，运动锻炼之所以能够调节心理社会应激水平而有益于心身健康，其原因与改善认知和调节心理、生理方面的应激性反应，以及使个体在面对应激情境刺激时能够有更多的积极应对能力相关。此外，在心理社会应激运动干预研究中，其中的各个环节是相互影响、相互作用的，具体表现为：当认知改善后，可以调节应激性反应以及提高应对能力；而应激性反应的改善也对认知的调节与应对能力的提高有益；而应对能力的提高也益于认知与应激性反应的调整；故运动干预对心理社会应激的影响是一个类似于良性循环的动态变化过程（图4-1）。当前研究还发现，对于一部分群体来说，运动可能先影响了认知评价，但对于另一部分群体可能是应激性反应或是提高应对能力的途径，至于何者为先，可能与遗传、环境、性别、年龄、经济状况等人口学和生物学因素相关。

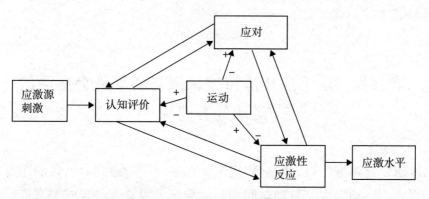

图 4-1　基于皮质醇监控证据的心理社会应激运动干预动态变化过程

第三节　基于皮质醇监控证据对心理社会应激的运动处方研究

运动处方是指用处方的形式规定了在运动中为达到锻炼目的而要求的运动形式、运动强度、运动时间和运动频率等要素，对这些要素进行深入的探索是制定心理社会应激运动处方相关标准的前提。

一、对运动形式的研究

（一）绿色运动

绿色运动被定义为在自然环境中所进行的体力活动，相比于室内环境，与大自然接触具有天然的减压和恢复精神疲劳的作用，因此，在室外运动也具有更高的恢复潜力和积极的情感体验，并能显著地降低皮质醇含量（Triguero-Mas et al.，2017）。研究还发现，久坐是导致许多心身性疾病发生的重要原因，绿色运动可以减少久坐所产生的心理压力（Olafsdottir et al.，2017；Niedermeier et al.，2017），而有益于心身健康；另一项研究则发现，室外运动还可以改善皮质醇唤醒反应状况，从而能有效改善并调节工作中的压力；当然，研究中也发现了，在林地散步之后，虽然受试者的振奋感显著增加，主观压力知觉显著下降，但其皮质醇水平却无显著变化（Toda et al.，2013）。

（二）瑜伽

瑜伽运动在促进健康的研究领域中被广为关注。日本的一项研究发现，瑜伽运动能够使唾液皮质醇和 α - 淀粉酶的浓度显著减少，正性情绪却能显著增加，进而缓解了心理压力（Kusaka et al.，2016）；还有一项研究则是选取了 216 名绝经期妇女，在进行瑜伽干预后，发现其皮质醇和血浆总巯基水平显著减少，该研究据此认为，这一变化对缓解压力和促进健康水平的提高有益（Chaturvedi et al.，2016）。

当然，关于瑜伽锻炼干预对皮质醇的影响也存在着争议。一项研究选择了养生瑜伽作为干预手段，发现压力的减少与社会支持有关而不是因为皮质醇动力学的改变（Corey et al.，2014）。

（三）其他运动形式

Nabkasorn 等人（2006）的研究发现，慢跑可能有益于改善抑郁状态，以及调节应激性皮质醇反应和促进生理适应能力的提高；Niedermeier 等人在其 2017 年的一项研究中也证实了这一观点。

在心理社会应激运动干预研究领域中，常见的运动形式还包括身心运动。身心运动指的是一组由持续的目标所引领的，并由一些特殊序列姿势构成，常与呼吸技术相协调配合的运动形式，如太极、健身气功和冥想等。Jin 在 1992 年的研究中使用太极拳作为干预的手段，并取得了调节皮质醇水平以及减压的效果；还有一项研究是以大学生为研究对象，发现在经过10 周运动干预后，气功组在抑郁、焦虑和压力评分方面有显著性的改善，并降低了唾液皮质醇浓度（Chan et al.，2013），其机制可能是与 HPA 功能的改善有关；Gainey 等人则对佛教的禅修运动进行了研究，发现在经过12 周干预后，被试者的皮质醇水平显著性降低且其效果优于传统的步行项目（Gainey et al.，2016）。

二、对运动强度、运动时间与运动频率的研究

当前的研究普遍认为，运动强度、运动时间和运动频率是制定运动处方的三要素。其中，运动强度是指单位时间内移动的距离、速度或肌肉所做的功；运动时间指的是每次运动坚持的时间；运动频率指的是每周运动的次数。在体育锻炼过程中，运动强度的选择至为关键，如果强度过大，会对机体造成损害；反之，则达不到健身的效果。当前，在心理社会应激运动干预领域中，常常是以中等强度的有氧运动为主；在运动强度的监控上，常用的指标为心率。Calogiuri 等人在其 2015 年的研究中，采用 55% 最大心率强度的运动，持续时间为 45 分钟，有效地调节了皮质醇水平并改善了工作中的压力；Zschucke 等人（2015）则采用 60% ~ 70% 的最大摄氧量

的跑步机运动，持续时间为 30 分钟，也表现出了较低的应激性皮质醇反应，并有益于心身健康。

通气阈强度是指在有氧运动和无氧运动之间，由于运动强度的增加，血液 pH 值会逐渐下降，氢离子的大量增加导致了在肺通气过程中二氧化碳急剧大量增加的一个过程。使用通气阈相较于血乳酸来说有无损伤性的特点，是竞技体育中重要的机能监控指标。研究结果显示，强度接近和低于通气阈值的跑步机运动，与高压力状态下的妇女的积极情感反应有关。

除中等强度运动以外，低强度运动可以成为制定运动处方中的选项。最新的一项研究招募了 75 名非运动员受试者，运动形式为走步，设定距离为 1.9 英里，完成的平均时间为 31.9 分钟，运动后休息 30 分钟进行特里尔社会压力测试（Trier Social Stress Test，TSST），并使用唾液皮质醇评估应激反应，该研究结果显示，低强度运动也可以减少压力感知和皮质醇的分泌。

虽然大多数研究支持中、低运动强度缓冲心理社会应激水平的积极效果，但也不乏采用高强度运动的研究，未来在心理社会应激运动处方的制定中，有关于运动强度的研究还需要深入探索。

此外，在运动频率的选择上，大部分研究认为，只要每周不低于 2 次即可取得一定的减压效果。

本章小结

皮质醇是参与新陈代谢和神经内分泌活动不可或缺的一种激素，亦是反映应激水平的标志性生理指标。基于皮质醇变化依据并结合 CPT 理论分析，体育锻炼之所以能够调节压力感知及相关联的心身性异常症状，其原因是与改善认知、调节异常应激性反应以及增加积极应对能力相关。在运动处方的制定上，当前的研究认为，跑步、太极、瑜伽、健身气功和绿色运动等运动形式皆有积极的效果；在运动强度的选择上，中等强度最佳；运动频率不要低于每周 2 次；每一次运动如果能够坚持 30 ～ 60 分钟，这样针对急性或慢性的社会性应激源刺激所产生的压力可以有良好的调节效果。

总之，CPT 理论是解释心理应激发生发展的经典学说，在此理论框架下，对心理社会应激运动干预效果的心理生理机制的研究也取得了一定成果，能够初步指导心理危机的预警和监控，但依然有许多未知的问题尚待探索，特别是有关体育锻炼对认知、应对以及应激性反应影响的，深层次的因果关系的研究还没有足够的深入。基于此，为更好地开展相关研究工作，笔者提出如下三点建议：

第一，对皮质醇与心理社会应激运动干预效果之间的关系要进行"量"的界定。依据 CPT 理论，应激是在人与环境交互作用中形成的，随着环境的变化，应激强度也在发生着动态的变化，适度的应激水平可以提高适应能力，只有过度的应激压力才会对身心造成损害。研究还证实，在心理社会应激刺激下的皮质醇变化，包括昼夜节律、唤醒反应等与应激强度以及心身健康之间的关系是极为复杂的，很难用简单的高或者低来界定皮质醇水平与心身性健康之间的关系。因此，在未来研究中，要深入探索在急、慢性心理社会应激运动干预过程中，应激刺激的性质以及强度的变化与皮质醇之间动态关联，并寻找出皮质醇与应激强度适度及异常之间"量"的关系，以更好地促进心身健康水平的提高。

第二，在"量"的界定基础上继续深入探索相关联的心理生理机制。皮质醇的分泌受控于下丘脑—垂体—肾上腺内分泌功能轴，皮质醇分泌失衡与神经内分泌系统的机能变化相关，继而会影响呼吸、循环和免疫等系统机能，并决定着认知、情绪与行为等应激性反应的形成，同时这一过程还受到年龄、性别、经济社会地位等诸多人口学因素的影响，且诸多因素路径共同决定着心理社会应激所致的压力感知与心身性异常症状的形成。基于此，在未来研究中，应该广泛开展跨学科、跨领域的交叉研究，联合应用各种分子生物学技术与人文社会学研究方法，深入探索在急、慢性心理社会应激运动干预过程中，体育锻炼是如何影响大脑皮层中枢继而引起了各种心理生理变化，以及皮质醇代谢与神经递质、免疫因子之间交互作用所引起的防御系统普遍动员的身体状态的内在机制，以更好地服务于运动干预实践，从而有益于心身健康。

第三，在未来的研究中，还要加强对个性化运动处方标准制定的探索，以及机能监控理念的广泛推广。体育锻炼的实质是将运动形式、运动强度、运动频率以及运动时间等要素有机组合，对不同的年龄、性别、健康水平和机能状况的群体施加影响所产生的一种联合效益，且依据 CPT 理论中的认知评价是决定着应激发生发展关键的观点，不同的群体由于遗传素质、生活经历和教育背景的不同，在面对应激刺激时会产生千差万别的心理生理反应。因此，在心理社会应激运动干预研究中，往往出现某一运动形式、运动量对某群体、某一应激源刺激是有效的，但对于另一群体或另一应激源刺激则是无效的。基于此，未来需要针对不同群体，如青少年、中年、老年、公务员、演员、教师等，以及不同应激源刺激，如失业、离婚、经济破产等，深入探索锻炼人群与不锻炼人群之间的对比性研究；探索运动形式、运动量与压力感知和心身健康之间的关联，以制定出个性化运动处方的标准；同时，为达到运动干预的积极效果，除皮质醇外，还要广泛探索如免疫球蛋白、α-淀粉酶等其他相关的生物学指标在运动干预中的应用，以促进大众心身健康水平的提高。

参考文献：

[1] CHAN E S, KOH D, TEO Y C H, et al. Biochemical and psychometric evaluation of Self-Healing Qigong as a stress reduction tool among first year nursing and midwifery students [J]. Complement ther clin pract, 2013, 19（4）: 179-183.

[2] COREY S M, EPEL E, SCHEMBRI M, et al. Effect of restorative yoga vs. stretching on diurnal cortisol dynamics and psychosocial outcomes in individuals with the metabolic syndrome: the PRYSMS randomized controlled trial [J]. Psychoneuroendocrinology, 2014（49）: 260-271.

[3] CHATURVEDI A, NAYAK G, NAYAK A G, et al. Comparative Assessment of the effects of hatha yoga and physical exercise on biochemical functions in perimenopausal women [J]. Journal of Clinical and diagnostic research jcdr, 2016, 10（8）: 1-11.

[4] CAHN B R, GOODMAN M S, PETERSON C T, et al. Yoga meditation and mind-body health: increased BDNF, cortisol awakening response, and altered inflammatory marker expression after a 3-Month yoga and meditation retreat[J]. Front hum neurosci, 2017（11）: 303-315.

[5] CHEN C, NAKAGAWA S, AN Y, et al. The exercise-glucocorticoid paradox: how exercise is beneficial to cognition, mood, and the brain while increasing glucocorticoid levels [J]. Front neuroendocrinol, 2017（44）: 83-102.

[6] GERBER M, JONSDOTTIR I H, KALAK N, et al. Object-ively assessed physical activity is associated with increased hair cortisol content in young adults [J]. Stress, 2013, 16（6）:593-599.

[7] GONG S, MIAO Y L, JIAO G Z, et al. Dynamics and correlation of serum cortisol and corticosterone under different physiological or stressful conditions in mice [J]. Plos one, 2015, 10（2）: 1-14.

[8] GAINEY A, HIMATHONGKAM T, TANAKA H, et al. Effects of Buddhist walking meditation on glycemic control and vascular function in patients with type 2 diabetes [J]. Complement ther med, 2016（26）: 92-97.

[9] GERBER M, LUDYGA S, MÜCKE M, et al. Low vigorous physical activity is associated with increased adrenocortical reactivity to psychosocial stress in students with high stress perceptions [J]. Psychoneuroendocrinology, 2017（80）: 104-113.

[10] HANSEN A M, BLANGSTED A K, HANSEN E A, et al. Physical activity, job demand-control, perceived stress-energy, and salivary cortisol in white-collar workers [J]. Int arch occup environ health, 2010, 83（2）: 143-153.

[11] HEANEY J L, CARROLL D, PHILLIPS A C. Physical activity, life events stress, cortisol, and DHEA: preliminary findings that physical activity may buffer against the negative effects of stress [J]. Journal of aging and physical activity, 2014, 22（4）: 465-473.

[12] HO R T H, FONG T C T, YIP P S F, et al. Perceived stress moderates the effects of a randomized trial of dance movement therapy on diurnal cortisol slopes in breast cancer patients [J]. Psychoneuroendocrinology, 2018（87）: 119-126.

[13] JIN P. Efficacy of Tai Chi, brisk walking, meditation, and reading in reducing mental and emotional stress [J]. Journal of Psychosomatic research, 1992, 36（4）: 361-370.

[14] JACUBOWSKI A, ABELN V, VOGT T, et al. The impact of long-term confinement and exercise on central and peripheral stress markers [J]. Physiol behav, 2015, 152（Pt A）:106-111.

[15] JAYASINGHE S U, LAMBERT G W, TORREs S J, et al. Hypothalamo-pituitary adrenal axis and sympatho-adrenal medullary system responses to psychological stress were not attenuated in women with elevated physical fitness levels [J]. Endocrine, 2016, 51（2）: 369-379.

[16] KIRSCHBAUM C, WÜST S, FAIG HG, et al. Heritability of cortisol responses to human corticotropin-releasing hormone, ergometry, and

psychological stress in humans [J]. J clin endocrinol metab, 1992, 75（6）：1526-1530.

[17]KUSAKA M, MATSUZAKI M, SHIRAISHI M, et al. Mediate stress reduction effects of yoga during pregnancy: one group pre-post test [J]. Women birth, 2016, 29（5）: 82-88.

[18]MURA G, COSSU G, MIGLIACCIO G M, et al. Quality of life, cortisol blood levels and exercise in older adults: results of a randomized controlled trial [J]. Clin pract epidemiol ment health, 2014（10）: 67-72.

[19]MONASTERIO E, MEI-DAN O, HACKNEY A C, et al. Stress reactivity and personality in extreme sport athletes: the psychobiology of BASE jumpers [J]. Physiol behav, 2016（167）: 289-297.

[20]NABKASORN C, MIYAI N, SOOTMONGKOL A, et al. Effects of physical exercise on depression, neuroendocrine stress hormones and physiological fitness in adolescent females with depressive symptoms [J]. Eur j public health, 2006, 16（2）: 179-184.

[21]NIEDERMEIER M, GRAFETSTÄTTER C, HARTL A, et al. A randomized crossover trial on Acute Stress-Related physiological responses to mountain hiking [J]. Int j environ res public health, 2017, 14（8）: 1-14.

[22]OLAFSDOTTIR G, CLOKE P, VÖGELE C, et al. Place, green exercise and stress: an exploration of lived experience and restorative effects [J]. Health place, 2017（46）: 358-365.

[23]SCHELL F J, ALLOLIO B, SCHONECKE O W, et al. Physiological and psychological effects of Hatha-Yoga exercise in healthy women [J]. Int j psychosom, 1994, 41（1-4）: 46-52.

[24]STATRKWEATHER A R. The effects of exercise on perceived stress and IL-6 levels among older adults [J]. Biol res nurs, 2007, 8（3）: 186-194.

[25]SAXTON J M, SCOTT E J, DALEY A J, et al. Effects of an exercise and hypocaloric healthy eating intervention on indices of psychological health status, hypothalamic-pituitary-adrenal axis regulation and immune function after early-stage breast cancer:a randomised controlled trial [J]. Breast cancer

research, 2014, 16（2）: 1-9.

[26]SAILESH K S, MUKKADAN J K. Controlled vestibular stimulation standardization of a physiological method to release stress in college students [J]. Indian j physiol pharmacol, 2015, 59（4）: 436-441.

[27]TODA M, DEN R, HASEGAWA-OHIRA M, et al. Effects of woodland walking on salivary stress markers cortisol and chromogranin [J]. Complementary therapies in medicine, 2013, 21（1）: 29-34.

[28]TRIGUERO-MAS M, GIDLOW C J, MARTÍNEZ D, et al. The effect of randomised exposure to different types of natural outdoor environments compared to exposure to an urban environment on people with indications of psychological distress in Catalonia [J]. Plos one, 2017, 12（3）: 1-17.

[29]VAN-PARIDON K N, TIMMIS M A, NEVISON C M, et al. The anticipatory stress response to sport competition; a systematic review with meta-analysis of cortisol reactivity [J]. BMJ open sport exerc med, 2017, 3（1）: 1-11.

[30]WARDWELL K K, FOCHT B C C, DEVRIES A, et al. Affective responses to self-selected and imposed walking in inactive women with high stress: a pilot study [J]. J sports med phys fitness, 2013, 53（6）: 701-712.

[31]WANG H L, VISOVSKY C, JI M, et al. Stress-related biobehavioral responses,symptoms and physical activity among female veterans in the community: an exploratory study [J]. Nurse educ today, 2016（47）: 2-9.

[32]WOOD C J, CLOW A, HUCKLEBRIDGE F, et al. Physical fitness and prior physical activity are both associated with less cortisol secretion during psychosocial stress [J]. Anxiety stress coping, 2018, 31（2）: 135-145.

[33]Hansen A M, Blangsted A K, Hansen E A, et al. Physical activity, job demand-control, perceived stress-energy, and salivary cortisol in white-collar workers[J]. Int Arch Occup Environ Health. 2010, 83（2）: 143-153.

[34]Calogiuri G, Evensen K, Weydahl A, et al. Green exercise as a workplace intervention to reduce job stress. Results from a pilot study[J]. Work. 2015, 53（1）: 99-111.

[35]Zschucke E, Renneberg B, Dimeo F, et al. The stress-buffering

effect of acute exercise:Evidence for HPA axis negative feedback[J]. Psychoneuroendocrinology. 2015（51）: 414-425.

[36]Chen C, Nakagawa S, An Y, et al. The exercise-glucocorticoid paradox: How exercise is beneficial to cognition, mood, and the brain while increasing glucocorticoid levels[J]. Front Neuroendocrinol. 2017（44）: 83-102.

[37]van Paridon KN,Timmis MA, Nevison CM, et al. The anticipatory stress response to sport competition; a systematic review with meta-analysis of cortisol reactivity[J]. BMJ Open Sport Exerc Med. 2017, 3（1）: 1-11.

[38]Monasterio E, Mei-Dan O, Hackney A C, et al. Stress reactivity and personality in extreme sport athletes: The psychobiology of BASE jumpers[J]. Physiol Behav. 2016（167）: 289-297.

第五章　心理社会应激运动
干预免疫机制的研究

研究证实，心理压力与一些反映免疫功能变化的生物标志物，如 CD4 细胞水平和 CD4/CD8 细胞比值，以及伴刀豆球蛋白 A 反应和植物血凝素反应呈显著性相关（Yoon et al. 2014）。

还有研究以"失业"作为社会性应激源，并应用白细胞介素 6（Interleukin 6，IL-6）和超敏 C 反应蛋白作为生物标志物，发现失业人群中炎症升高的情况更为普遍（Hintikka et al.，2009），同时经济状况更差的个体存在着更高的心理社会压力，并具有显著性降低的 Epstein Barr 病毒（Epstein-Barr virus，EBV）抗体水平（Sorensen et al.，2010）。EBV 抗体也是一种间接反映细胞免疫功能的生物标志物，可以反映心理应激过程中免疫机能的变化，故心理社会应激的免疫反应可能是压力感知增加的重要原因。

心理社会应激还会引起中枢神经系统内免疫反应异常（Fuertig et al.，2016），导致小鼠大脑和脊髓中促炎性细胞因子 IL-1β mRNA 表达水平的升高（Sawicki et al.，2017），以及下丘脑促肾上腺皮质激素释放素（corticotrophin releasing hormone，CRH）mRNA 表达水平和血浆皮质醇浓度的增加，并触发与大脑联系的髓系祖细胞 CD11b（＋）/Ly6C（高）的产生、中枢神经系统内巨噬细胞的（CD11b（＋）/CD45（高）聚集以及 IL-6 水平的增加（Ramirez et al.，2016）。作为一类促炎性细胞因子，中枢神经系统内 IL-6 水平的增加，也可能与慢性社会性应激源刺激导致的内皮细胞紧密连接蛋白（Claudin-5C，LDN5）的合成减少，进而改变了血脑屏障的完整性有关（Menard et al.，2017），并诱发了抑郁、焦虑等诸多心理异常症状。此外，慢性心理社会应激还可促进糖皮质激素（Glucocorticoids，GC）不敏感单核细胞数量的增加。最近的研究还观察到，这些单核细胞亦具有通过血脑屏障的能力（Reader et al.，2015），亦可能与长期的焦虑行为产生有关。研究还发现，高心理社会应激可导致固有免疫失调，进而增加了疾病的易感性（Bellingrath et al.，2010），还会加重心脑血管疾病症状，促进与心肌梗死和卒中相关的斑块增多（Heidt et al.，2014），还能增强骨髓来源抑制性细胞（Myeloid-derived suppressor cells，MDSCs）的抑制活性（Schmidt et al.，2016）。骨髓来源抑制性细胞是树突状细胞、巨噬细胞和粒细胞的前体，来源于骨髓，具有抑制免疫细胞应答的功能，其抑制活性的增强是肿瘤恶化的重要原因。慢性心理社会应激刺激所致的异常免疫反应还是诱发肠道炎症性疾病的危险因素（Nyuyki et al.，2012；Reber et al.，2011；Foertsch et al.，2017），并与脱发的病理症状相关（Peters et al.，2017），还会以黏附分子为中介募集炎症细胞到母胎界面（Tometten et al.，2006），是导致女性妊娠期流产的常见病因。心理社会应激的免疫反应还会诱发呼吸道感染症状（vascular endothelial growth factor，VEGF）（Ritz et al.，2017），加剧衰老（Bosch et al.，2009）等。

第一节　心理社会应激刺激下的免疫系统变化规律

基于当前的研究成果，心理社会应激所引起的免疫系统机能的变化存在许多共性的病理表现，并发生在免疫器官、免疫细胞与免疫分子三个层次中。对其进行归纳总结是最终掌握心理社会应激免疫反应规律的必然，以及最终掌握相关病理机制服务于临床实践以促进大众心身健康水平提高的关键。

一、免疫器官

中枢免疫器官主要是骨髓和胸腺。其中，骨髓是各种免疫细胞的来源之地。髓样细胞（the myeloid cell）具有吞噬和抗原递呈作用，亦属于在骨髓中生成的免疫细胞，是机体清除病原体、抵抗感染的第一道防线。慢性心理社会应激会诱导骨髓中髓细胞池（the myeloid cell compartment）扩张，其原因是由具有粒细胞样或单核细胞样的髓源性抑制细胞表型的细胞被鉴定为未成熟的炎性髓样细胞（immature inflammatory myeloid cells）所致的（Schmidt et al.，2016）。但也能促使造血干细胞转化为其他各种免疫细胞，如单核细胞和粒细胞等（Ramirez et al.，2016；Heidt et al.，2014），故也有增强骨髓造血机能及提高免疫机能的益处。胸腺是 T 淋巴细胞成熟和输出的主要场所。外周免疫器官是脾和淋巴结。长期的心理社会应激会导致胸腺质量的下降（Nyuyki et al.，2012），以及脾细胞的免疫激活增加（Foertsch et al.，2017），并促进了脾肿大和促炎性细胞因子的产生（Ramirez et al.，2016），亦会引起心身性异常。

二、免疫细胞

关于心理社会应激刺激下的免疫细胞的机能变化，一项动物实验发现，2 小时急性应激会导致 CD4、CD8 和 B 细胞浓度以及伴刀豆球蛋白刺激的淋巴细胞增殖反应降低，但粒细胞的数量却会增加，其吞噬功能也会增强（Stefanski and Grüner，2006）。另一项以人体为对象的研究则进一步证实，在参加特里尔社会压力测试（Trier Social Stress Test，TSST）后，健康个体早期淋巴细胞增多而随后低于任务之前，但粒细胞的变化却与之相反（Geiger et al.，2015），故在急性的心理社会应激过程中，免疫细胞的机能变化可能也有对机体适应性的保护作用。长期心理社会应激不仅会导致外周血 T 淋巴细胞亚群 CD4/CD8 比值的显著性降低（Bosch et al.，2009；Yoon et al.，2014），还能抑制免疫细胞应答（Wong et al.，2013），致使 TH1/TH2 免疫平衡失衡（Elenkov，2004；Peters et al.，2017），还会增强髓源性抑制细胞对 T 细胞增殖的抑制活性（Schmidt et al.，2016）等，而无益于健康。此外，调节性 T 细胞（Regulatory cells，Tregs）是抑制 T 淋巴细胞免疫反应的一种淋巴细胞亚型，在急性心理社会应激过程中，其水平的升高可作为机体防御炎症反应加剧的标志（Ronaldson et al.，2016）。在慢性心理社会应激过程中，其水平的升高可促进肿瘤的生长（Schmidt et al.，2016），并可能是慢性心理社会应激所致疾病的预测指标（Ronaldson et al.，2016）。

三、免疫分子

长期承受心理社会应激刺激的个体在急性应激过程中的 TNF-α/IL-10 和 IL-6/IL-10 比值会显著性升高，而抗炎性细胞因子 IL-10 含量则会显著性降低（Bellingrath et al.，2010）。另一项研究是以成年雄性恒河猴为研究对象，进一步发现长期心理社会应激刺激使恒河猴体内的促炎性细胞因子 IL-1β 和 TNF-α 水平显著性增加（Hennessy et al.，2017），故在慢性心理社会应激过程中发生着促炎症反应，并且这是一个动态的过程，其间包含着促炎症反应与抗炎症反应之间的转变，亦被认为是应激刺激和健康不良之间的中介因素（Hintikka et al.，2009），但也包含着改善情感和行为以防止应激有害影响的适应性变化（Brachman et al.，2015）。

关于补体方面的研究尚少。研究发现，慢性的心理社会应激可显著降低动物溶血补体（CH50）的含量和杀灭细菌的能力（Scotti et al.，2015）。而关于免疫球蛋白方面的研究目前主要是以 Lg A 和 SIg A 为主。研究发现，急性心理社会应激所引起的免疫球蛋白水平的变化，或有益于心理健康（Lamb et al.，2017）。但长期处于心理社会应激刺激下的个体，会在急性应激过程中表现出较低的免疫球蛋白水平，情绪恶化（Romero-Martínez，2017）。研究还证实，唾液 SIg A 水平与急性应激所诱发的消极情绪的变化在时间上同步（Laurent et al.，2015）。SIgA 是人体抵抗感染的一种重要的免疫分子，随着时间的变化以及与情绪变化之间的关联，免疫蛋白分子对机体的影响也存在着积极作用与消极作用之间的动态转变，且这种变化可能主要与应激刺激的时间和强度有关。

总之，心理社会应激刺激会导致中枢免疫器官胸腺和骨髓发生变化，也会影响外周免疫器官脾的机能，还会影响造血干细胞、粒细胞、单核吞噬细胞等免疫细胞的机能，以及免疫球蛋白、补体和细胞因子等免疫分子的水平与功能，并整体性地引起免疫系统发生免疫防御、免疫自稳和免疫监视方面的功能变化。在心理社会应激刺激下，其免疫反应的总体规律为骨髓的造血机能增强，并促使造血干细胞向免疫细胞转化。急性应激会引起胸腺和脾的免疫细胞动员，但在长时间的心理社会应激刺激下，则会造成胸腺的质量下降以及脾肿大和脾细胞增殖受损等免疫器官机能异常。急性心理社会应激刺激下粒细胞含量会显著性地增加，细胞因子会由促炎性向抗炎性转化，以及免疫球蛋白随着应激刺激的时间与强度的变化而变化，并与情绪的变化相关联。长期心理社会应激刺激下，会导致外周血 T 淋巴细胞亚群 CD4/CD8 比值降低和 CD4T 淋巴细胞 TH1/TH2 免疫平衡失衡。

第二节　心理社会应激的免疫反应规律的形成机制

一、遗传因素

心理社会应激研究的复杂性在于人的心理行为的复杂性，同一个体面对不同应激源刺激以及不同个体在面对同一应激源刺激时，皆存在着千差万别的应激性反应，并导致了包括免疫反应在内的应激性生理反应的不同。综合而言，复杂的应激性生理反应是由多种调节途径介导的。其中，遗传是决定着心理社会应激免疫反应变化的关键因素。研究发现，5-羟色胺转运体（5-hydroxytryptamine, transporter，5HTT）基因多态性是一个决定应激反应个体差异的重要因素，携带 SS 基因但不携带 SL 基因的受试者，在 TSST 任务后 IL-1β 显著性地增加（Yamakawa et al., 2015）。研究还发现，儿童在敏感时期所经历的压力性生活事件与中年后较短的白细胞端粒长度（telomere length，TL）存在关联，TL 也被认为是反映生命过程中所累积的炎症损害的生物学指标（Osler et al., 2016）。还有学者从表观遗传学角度对心理社会应激的免疫反应机制进行了探讨，证实了慢性心理社会应激会导致外周血单个核细胞（peripheral blood mononuclear cell，PBMC）亚群表现出明显的表观遗传模式，具体表现为组蛋白残基 h4-k8、h4-k12 乙酰化以及 h3-s10 磷酸化水平的降低，并抑制了自然杀伤细胞的活性，减少了干扰素 γ 的数量（Mathews et al., 2011）。关于基因表达水平的研究证实，在急性心理社会应激后，外周血中白细胞胸苷酸合成酶（thymidylate synthase，TS）mRNA 水平会显著性升高（Ehrnrooth et al., 2002），这可以对诸多研究中所观察到的粒细胞变化的原因进行解释。此外，小胶质细胞的 mRNA 表达分析则表明，慢性心理社会应激增加了白细胞介素（IL）-1β 水平，并减少了糖皮质激素应答元件糖皮质激素依赖性亮氨酸拉链（glucocorticoid-induced leucine zipper，GILZ）和 FK506 结合蛋白 -51（FK506 binding protein-51，FKBP51）mRNA 水平（Wohleb et al., 2011），这可以对心理社会应激所导致的抗炎症反应与促炎症反应并存的现象进行解释。

二、小胶质细胞的中介作用

（一）小胶质细胞所介导的免疫反应是心理社会应激所致心身性异常症状的关键原因

小胶质细胞是中枢神经系统内固有的免疫效应细胞，内外环境的变化都可能激活其活性，进而活化为促炎（M1）和抗炎（M2）两种表型，此为极化现象。不同极化状态的小胶质细胞皆参与异常心身性症状与疾患的形成过程（Ramirez and Sheridan，2016；Li et al.，2014），并起着关键的中介作用（Littlefield et al.，2015；Li et al.，2014）。在心理社会应激研究领域中，急、慢性的心理社会应激刺激皆可以引起显著性的免疫反应，进而可能会诱导焦虑、抑郁、高血压等心身性异常症状与疾患，小胶质细胞亦在其中起着关键的中介作用（Brachman et al.，2015）。其中一项应用了社会失败任务（Social defeat，SD）动物实验模型的研究还发现，慢性心理社会应激促进了小胶质细胞增殖，表现为CD68（HI）小胶质细胞数量的增加（CD68是吞噬活性的生物标志物），且选择性地发生在与应激相关的端脑脑区（Lehmann et al.，2016），并可能与精神障碍的形成相关。研究还证实，慢性心理社会应激还会促进以促炎基因表达的增加和小胶质细胞激活为特征的海马神经炎性反应的激活，并引起了短暂性的空间记忆回忆受损（Mc Kim et al.，2016），还会导致一些炎症标志物在（CD14、CD86、TLR4）小胶质细胞表面增加，以及中间杏仁核、前额叶和海马的去胶质小胶质细胞含量的增加（Wohleb et al.，2011）。而海马、前额叶和杏仁核皆是与情绪、认知相关的关键脑区，这些脑区发生神经炎症反应可能也是引起神经损害并诱发异常精神症状的关键原因。

（二）HPA与SAM系统可能以小胶质细胞为中介对心理社会应激的免疫反应起着关键的调节作用

1.急性心理社会应激

急性心理社会应激会使促炎性细胞因子水平显著性升高，且随着 α-

淀粉酶（自主神经系统活性的生物标志物）和糖皮质激素皮质醇浓度的变化而变化（Filaire et al., 2011），这可以对在诸多研究中所观察到的促 / 抗炎性细胞因子动态变化的原因进行解释，并证实在急性应激过程中所发生的免疫反应与交感 — 肾上腺髓质（sympathetic-adrenal medulla，SAM）系统和下丘脑 — 垂体 — 肾上腺内分泌功能轴（HPA）的激活相关（Campisi et al. 2012）。研究还进一步证实，急性心理社会应激所导致的炎症靶组织敏感性变化是从糖皮质激素依赖性效应到儿茶酚胺依赖性效应转变的过程（Strahler et al., 2015），故在急性应激过程中，随着时间的变化，SAM 系统所起的免疫调节作用可能越来越重要。同时，HPA 的激活以及交感神经系统活动的增强可促进脑内小胶质细胞的活化（Blandino et al., 2009）。结合前文叙述，小胶质细胞在急性的心理社会应激免疫反应调节中应该起着关键的中介作用。但是，目前以心理社会应激的急性免疫反应的变化为目的的研究较少，对此中介作用的研究甚是不足。

2. 慢性心理社会应激

在长期心理社会应激过程中，HPA 与 SAM 系统皆参与免疫反应的调节（Gandhi et al., 2007；Schmidt et al., 2010；Visnovcova et al., 2015），且研究还发现，促肾上腺皮质激素释放激素可激活小胶质细胞释放生物活性分子（Kritas et al., 2014）；而糖皮质激素和儿茶酚胺类激素皆可调节小胶质细胞机能变化（Yuan et al., 2015；Schneble et al., 2017）；同时，研究还证实，在儿茶酚胺类激素对小胶质细胞机能调节过程中，去甲肾上腺素在大脑中占优势，而在外周组织中肾上腺素则处于较高水平（Tanaka et al., 2002）；小胶质细胞还表达包括肾上腺素在内的诸多神经递质的受体（Lee, 2013），对其亦有重要的调控功能（Johnson et al., 2013）。还有一项研究以高血压大鼠为研究对象，发现运动训练可降低下丘脑室旁核（PVN）中活化小胶质细胞含量，进而改善自主神经系统机能和心血管异常症状（Masson et al., 2015）等。对小胶质细胞 mRNA 的分析亦表明，慢性心理社会应激所诱导的小胶质细胞反应性取决于 β 肾上腺素能受体的激活（Wohleb et al., 2011）。故小胶质细胞在慢性心理社会应激过程中可能亦起着关键的中介作用。同时，更多的证据也支持 SAM 系统在慢性心理社会应激的免疫反应中可能起着更为重要的调节作用。首先，心理社会应激刺激下的交感神经纤维释放的去甲肾上腺素过剩会导致趋化因子CXCL12蛋白水平降低，并使造血干细胞增殖增强，以及单核细胞和中性粒细胞的产生增多（Heidt et al.，2014），进而可能会引起躯体性病变。且研究还证实，心理社会应激所致的异常情绪反应所引起的交感神经系统机能的变化，是心身性异常症状产生的重要原因。而具有较多积极情绪者，其循环系统中具有较低的CD8+抑制性T细胞、CD8+-CD57+活化T细胞以及CD56+NK细胞和IL-6水平，并具有较低的心理压力水平（Amati et al.，2010）。由于积极情绪可使自主神经系统机能更加平衡，故SAM系统在免疫反应调节中所起的作用可能更为重要。其次，心理社会应激刺激使由肾上腺素水平的波动所引起的免疫调节作用恶化（Reber et al.，2011），会引起躯体性病变。同时，前额叶和海马内儿茶酚胺类激素利用的增加（Gibb et al.，2008），亦是异常精神症状加剧的重要原因。故心理社会应激通过刺激交感神经系统影响了儿茶酚胺类激素的分泌可能是调节心身性异常症状与疾患产生的重要原因。研究还发现，长期的心理社会应激还会使脾脏酪氨酸羟化酶（tyrosine hydroxylase，TH）、多巴胺β羟化酶（Dopamine beta hydroxylase，DBH）和苯乙醇胺N-甲基转移酶（Benzolamine N-methyltransferase，PNMT）的基因表达和蛋白水平降低（Gavrilovic et al.，2010），导致儿茶酚胺类激素合成减少，由此引起了免疫损伤。此外，肾上腺素要想发挥调节免疫机能的作用，则需要与免疫细胞上的受体结合，肾上腺素受体均为G蛋白偶联受体且有多种亚型，心理社会应激刺激使前额叶和杏仁核中出现炎症反应，改变G蛋白偶联受体通路基因的表达（Azzinnari et al.，2014），这也被认为是心身性异常症状形成的重要原因。总之，心理社会应激能够影响自主神经系统平衡，并影响着糖皮质激素、儿茶酚胺类激素的分泌与合成及相关联的生物学变化，从而对免疫反应产生积极或消极的影响，是各种心身性异常症状形成的重要原因。虽然HPA和SAM系统可能皆以小胶质细胞为关键中介参与急、慢性心理社会应激的免疫反应调节过程，但相较来说，SAM系统所起的作用可能更为重要。

（三）肠道菌群、氧化应激的变化皆可能与小胶质细胞的机能变化相关联

肠道菌群（gut-microbiota，GM）与中枢神经系统（central nervous system，CNS）两者的生物学作用存在着密切的关联。肠道菌群可影响中枢神经系统机能并改变宿主行为，中枢神经系统亦可调节肠道菌群的变化。其具体表现为，下丘脑—垂体—肾上腺轴（HPA）以及交感神经系统活化皆可影响肠道运动、分泌功能等，并可调节肠道菌群数量及组成。而肠道微生物亦可影响中枢神经系统中小胶质细胞的分化和成熟，还能够将信息从外周传递给大脑，以调节行为（Gil et al.，2016；Petra et al.，2015；Bienenstock et al.，2015；Zhu et al.，2017），且免疫系统是其中的重要中介，这一关联被称为脑—肠道—微生物轴（brain-gut-microbiota axis，BGMA）。研究发现，慢性心理社会应激刺激会导致小鼠肠道微生物群落功能多样性发生改变，表现为树突状细胞持续地活化，IL-10+ 调节性 T 细胞的水平先是升高然后下降，该研究认为，应激所引起的免疫反应和肠道微生物群落的丰富性和多样性减少相关（Bharwani et al.，2016）。此外，研究还发现，长期心理社会应激所致的肾上腺素水平波动所引起的免疫调节作用恶化，可将在结肠中的共生细菌易位发展成为结肠炎（Reber et al.，2011）。故心理社会应激所引起的肠道菌群变化是心身性症状与疾患形成的重要原因，其机制可能亦与脑—肠道—微生物轴存在密切的关联。

还有学者从自由基代谢的角度对心理社会应激的免疫反应机制进行了探讨。研究认为，之所以小胶质细胞的过度激活对宿主细胞有害，其原因可能与活性氧的增加有关（Ishihara et al.，2015）。而长期的心理压力之所以会增加氧化应激水平（Gonçalves et al.，2008），其原因可能与小胶质细胞可释放促炎细胞因子（IL-1β、IL-6 和 TNFα），进而增加了诱导型一氧化氮合酶（iNOS）（di-Penta et al.，2013），以及由小胶质细胞表达 NADPH 氧化酶 2 （NOX2）增多相关（von-Leden et al.，2017）。还有研究发现，晚期糖基化终产物（advanced glycation end products，AGEs）与表达于小胶质细胞表面的 AGEs 受体（RAGE）相互作用可增强大脑中的炎症反应和氧化应激。FPS-ZM1 是 RAGE 的一种特异性抑制剂，FPS-ZM1

可通过阻断RAGE，进而抑制小胶质细胞的活化、氧化应激和炎症反应而具有神经保护作用（Shen et al.，2017）。

三、人口学因素作用

对心理社会应激的免疫反应规律与机制的探索还要考虑人口学相关因素。依据经典的认知交互作用理论，心理社会应激的发生发展是由主观的认知评价和判断所决定的。不同的个体，由于人口学因素的不同，其所接受到的教育和成长经历各不相同，在同一社会应激源刺激下所形成的应激水平可能亦不相同，并影响着免疫反应和相关生物学机能的变化。在研究中，常见的人口学因素包括性别、年龄、家庭环境、族群与经济地位等。

（一）性别、年龄

在心理社会应激的免疫反应研究中必须考虑性别方面的差异（Stefanski and Grüner，2006）。性别的不同使个体在面对同一应激情境刺激时可能会做出不同的认知评价与判断，故产生的应激反应亦不相同。一项以在校大学生为对象的研究，以期末考试为应激源，发现在期末考试后，女大学生的中性粒细胞超氧化基的释放显著性地增加，而男性未见此变化，但男性的淋巴细胞增殖反应增加的幅度要比女性大得多（Kang et al.，2004）。动物实验还发现，应激后雄性大鼠血液中粒细胞的数量显著高于雌性且具有更高的吞噬活性，而NK细胞的数量则比雌性少得多（Stefanski and Grüner，2006）。也有研究显示，虽然男性基础的唾液SIg A的水平显著地高于女性，但在应激后SIg A虽然增加但无性别方面的差异（Birkett et al.，2017）。故性别对于心理社会应激免疫反应的影响也并非绝对，还要综合考虑其他的因素。

心理社会应激的免疫机能变化也受到年龄的影响。随着年龄的增长，免疫衰老的生物学标志物晚期分化型（CD27-CD28-CD8T）细胞含量与社会支持呈显著的相关关系（Bosch et al.，2009），照顾老年痴呆症配偶的老年护理者相较于照顾发育障碍儿童的年轻父母来说，中性粒细胞的功能较高（Vitlic et al.，2016）。

（二）家庭环境

家庭环境对儿童的生长发育也至关重要，并影响着其社会和情感健康。研究发现，父母精神症状与儿童疾病风险相关，当父母精神状况不佳时，儿童一年内总的患病率危险性增加并与 NK 细胞的功能相关。且在巨细胞病毒血清反应阳性儿童中，父母精神症状评分的增加与儿童血液中的 CD8+CD28-CD57+ 细胞百分比的增加相关（Caserta et al.，2008）。此外，动物实验还发现，母亲在妊娠期所遭受到的心理社会应激刺激会影响其后代的免疫机能，导致其雄性后代具有普遍较低的中性粒细胞、单核细胞、T细胞和 NK 细胞水平（Götz et al.，2007），以及基础状态下总白细胞数量的减少和美洲商陆有丝分裂原刺激的淋巴细胞增殖能力的降低（Götz and Stefanski，2007）。研究还发现，母乳中的细胞因子对预防婴儿过敏和传染病的发生起着关键作用，尤其是母乳中的转化生长因子 β（transforming growth factor β，TGF-β），在婴儿黏膜免疫系统的发育中起着重要的作用（Kondo et al.，2011），可能是婴儿在心理社会压力下抑郁症状产生与否的决定因素。

（三）族群与经济地位

心理社会应激的免疫机能变化还受到种族的影响。研究发现，美国非洲裔青少年与白人青少年相比，在心理社会压力下有着显著较高的淋巴细胞增殖反应（Kang et al.，2004），种族认同强且存在高度歧视知觉的个体在应激刺激下，其下丘脑—垂体—肾上腺轴活性也较低，且在应激恢复期还有一个较大的免疫炎症反应（Lucas et al.，2017）。心理社会应激的免疫机能还受到经济状况的影响。研究发现，阿富汗喀布尔女性群体表现出更差的心理健康状况和 EBV 抗体滴度的升高（Panter-Brick et al.，2008），其原因是持续不安全的社会环境和日益扩大的经济不平等导致阿富汗女性经济状况不佳，伴随着贫穷所产生的心理压力增加了其疾病发生的风险。另有一项研究也发现，EBV 抗体水平与生活方式呈显著负相关关系，在物质生活方面有较高得分的个体，其细胞免疫功能也较高（Sorensen et al.，2010）。此外，心理社会应激的免疫机能也受到社会地位的影响。在玻利维亚所做的另一项调查发现，在政治上有影响力的人有较低的基础皮质醇水平，且在 4 年内失去政治影响的男性中，皮质醇的变化与呼吸道感染升高的概率相关（Rueden et al.，2014）。动物实验也证实，失去领地后的小鼠会更加情绪化，其血液中的 IgG 和 IL-2 含量较低（Bartolomucci et al.，2003）。虽然当前的研究已经对与心理社会应激的免疫反应相关的人口学因素进行了一定的探索，也取得了一定的成果，但成果较少，特别是不同国情、地域和风俗，以及不同的职业、教育等，与心理社会应激的免疫反应深层次的关联和内在机制的研究还极为缺乏。

第三节 基于免疫机制的研究对心理社会应激运动
干预手段的探讨

在心理社会应激干预的研究领域中，研究认为，按摩（Noto et al.，2010）、正念减压（Mindfulness-based stress reduction，MBSR）（Fang et al.，2010）和呼吸训练（Sharma et al.，2008）等皆有着调节免疫机能的积极作用。运动干预中的体育锻炼是一种独特的非药物干预手段，对于任何一个群体，无论其年龄、性别以及健康状况，皆有着积极的心理生理健康促进的作用。基于本研究对心理社会应激的免疫反应规律的总结与机制的分析，并结合当前与运动干预相关的研究证据，体育锻炼可有效地应对心理社会应激，适用于相关的免疫性疾病的干预及预后（Archer et al.，2011），而有益于心身健康。其积极作用机理或可归纳如下：身体锻炼可以通过多种免疫调节途径影响免疫系统机能，研究发现，经常进行身体锻炼者，相较于未参加锻炼的进行化疗的乳腺癌症患者，其 CD3T 细胞（TCRα β 和 cd4t 细胞、NK 细胞和 CD19 B 细胞）的免疫细胞数显著性下降（Schmidt et al.，2018）。神经—内分泌—免疫网络在机体的生命机能维持调节的过程中起着极为重要的作用，体育锻炼可以通过促进与免疫机能相关的神经递质的分泌而有益于心理社会应激的干预。其中，5- 羟色胺（5-hydroxytryptamine，5-HT）是一种重要的神经递质，其在大脑中的分泌与情绪认知的形成密切相关，并可调节机体的免疫机能。体育锻炼可以促进 5- 羟色胺水平的显著升高，且经常参加身体锻炼可以预防或减少包括抑郁症状在内的与压力有关的精神疾病的发生。其抗抑郁作用可能与 5-羟色胺在内单胺类神经递质产生相关（Nishii et al.，2017；D'Ascola et al.，2018）。还有研究发现，在免疫反应调节过程中，HPA 是其中的重要生物学因素（Gandhi et al，2007），经常参加身体锻炼可以对 HPA 施加直接或间接影响。一项动物实验证实，运动可以上调 HPA 功能系统的某些生理成分，并可以促进心理应激的适应，可作为应激或者抑郁等心身性异常症状的辅助治疗手段（Pietrelli et al., 2018）。且相较于慢性应激，运动亦可以对急性的心理社会应激产生积极的调节效益，其原因也在于运动对于 HPA 的调节（Zschucke et al., 2015）。在运动对交感—肾上腺髓质（sympathetic-adrenal medulla，SAM）系统的影响方面，研究认为，与工作有关的压力是许多人需要面对的与身心健康有关的重要问题，该研究主要应用心率变异性（heart rate variability，HRV）作为评估指标，对应激压力、恢复和身体活动水平之间的关系进行评估，证实了高身体活动水平与较低工作压力相关（Tiina et al., 2016）。在运动锻炼、HPA 功能轴、SAM 系统和免疫机能的关系上，相关研究还是极为缺乏，但是依然可以通过免疫学的视角，基于体育锻炼对 HPA 功能轴、SAM 系统施加直接或间接影响，证实体育锻炼可以通过对于机体免疫机能的调节而有益于心理社会应激的干预。此外，脑内的免疫激活已被证明与一些精神疾病发生发展的病理机制相关，而小胶质细胞在其中起着关键作用（Li et al, 2014）。研究还发现，小胶质细胞可以激活成多种表型而介导炎症反应和神经保护作用，体育锻炼增加了与脑源性神经营养因子（BDNF）共标记的小胶质细胞在老龄小鼠中的比例（Littlefield et al., 2015），继而具有调控炎症反应的作用。另一项研究则是以阿尔茨海默病（Alzheimer's disease，AD）大鼠为研究对象，发现体育锻炼可以改善海马体功能，其机制与海马体中促炎介质的表达显著降低，以及相应的小胶质细胞抗炎 M2 表型表达增加有关（Lu et al., 2017），进而对阿尔茨海默病起到了有效的干预效果。同时，研究还发现，体育锻炼可以减轻神经病理性疼痛（neuropathic pain，NPP），但运动性痛觉减退（exercise-induced hypoalgesia，EIH）的确切机制尚不清楚。一项研究对此进行了探索，发现跑台运动可以减少脊髓背角小胶质细胞组蛋白乙酰化，并据此认为这可能是运动性痛觉减退的重要原因（Kami et al., 2016）。综上所述，运动可以对小胶质细胞施加直接的影响，并能改善与疾病相关的病理机理。

本章小结

　　心理社会应激会影响免疫器官机能，也会影响各种免疫细胞的增殖以及免疫分子的水平与功能，并整体性地引起免疫系统发生免疫防御、免疫自稳和免疫监视方面的功能变化。在机制分析上，心理社会应激的免疫反应与遗传、自由基代谢和神经内分泌等生物学因素相关，小胶质细胞可能起着关键的中介作用。其中，SAM 系统以及 HPA 能够同时调节急、慢性心理社会应激的免疫反应，且 SAM 系统所起的作用可能更为重要。心理社会应激的免疫反应还受到年龄、性别和社会经济地位等诸多人口学因素的影响，人口学和生物学因素综合作用，共同调节着心理社会应激的免疫反应变化。在心理社会应激的免疫反应干预方面，运动干预中的体育锻炼应该成为未来心理学研究中的重点内容。

　　虽然当前心理社会应激免疫反应的研究取得了一定成果，但依然存在着诸多的不足。首先，动物实验的研究成果偏多，而以人体为研究对象的成果尚少。常见的动物实验模型包括社会隔绝干扰（social isolation disrupts, SID）、重复社会失败任务（RSD）和慢性从属聚居群落模型（CSC）等，但有关模型之间的对比性研究，例如，同一品系动物面对不同模型应激源刺激后的应激反应，以及不同种属动物面对同一模型应激源刺激后的应激反应之类的研究却是罕见。且由于人的心理行为的复杂性，动物实验的结果未必一定适合于人类自身。其次，在以人类为对象的相关研究中，以护理和学校环境中的研究居多，而对其他的群体，如金融职员、公务员、演艺人员等从业人员，其心理社会应激刺激下的免疫反应与心身健康之间的关联及其内在机理的研究目前还极为缺乏。在机制方面也未能整体揭示人口学和生物学因素在免疫机能变化中所起的作用，以及与应激刺激的强度、量和性质之间交互作用的规律。故在理论研究方面还远未形成统一的框架体系。运动干预中的体育锻炼对于心理社会应激的免疫反应虽有着积极的调节作用，但相关研究也是甚少，对其内在机理的解释以及实践中的广泛推广还需要学者更多的努力。

参考文献：

[1] ARMSTRONG I E, VANHEEST J L. The unknown mechanism of the over-training syndrome clues from depression and psychoneuroimmunology [J]. Sports medicine, 2002, 32（3）, 185-209.

[2] AMATI, TOMASETTI, CIUCCARELLI, et al. Relationship of job satisfaction, psychological distress and stress-related biological parameters among healthy nurses:a longitudinal study [J] Journal of occupational health, 2010, 52（1）, 31-38.

[3] ARCHER T, FREDRIKSSON A, SCHTZ, E, et al. Influence of physical exercise on neuroimmunological functioning and health: aging and stress [J]. Neurotoxicity research, 2011, 20（1）, 69-83.

[4] AZZINNARI D, SIGRIST H, STAEHLI S, et al. Mouse social stress induces increased fear conditioning, helplessness and fatigue to physical challenge together with markers of altered immune and dopamine function [J]. Neuropharmacology, 2014（85）: 328-341.

[5] BARTOLOMUCCI A, SACERDOTE P, PANERAI A E, et al. Chronic psychosocial stress-induced down-regulation of immunity depends upon individual factors. [J]. Neuroimmunol, 2003, 141(1-2): 58-64.

[6] BOSCH J A, FISCHER J E, FISCHER J C. Psychologically adverse work conditions are associated with CD8+T cell differentiation indicative of immunesenescence[J]. Brain Behav Immun, 2009, 23(4): 527-534.

[7] BIENENSTOCK J, KUNZE W, ORSYTHE P. The microbiota and the gut-brain axis [J]. Beneficial microbes, 2015, 3(4): 251.

[8] BLANDINO P J, BARNUM C J, SOLOMON L G, et al. Gene expression changes in the hypothalamus provide evidence for regionally selective changes in IL-1 and microglial markers after acute stress [J]. Brain behavior

and immunity, 2009, 23（7）: 958-968.

[9] BELLINGRATH S, ROHLEDER N, KUDIELKA B M. Healthy working school teachers with high effort-reward-imbalance and overcommitment show increased pro-inflammatory immune activity and a dampened innate immune defence [J]. Brain behavior and immunity, 2010, 24（8）, 1332-1339.

[10] BAGANZ N L, BLAKELY R D. A dialogue between the immune system and brain, spoken in the language of serotonin [J]. ACS chem neurosci, 2013, 4（1）: 48-63.

[11] BRACHMAN R A, LEHMANN M L, MARIC D, et al. Lymphocytes from chronically stressed mice confer antidepressant-like effects to naive mice [J]. The journal of neuroscience: the official journal of the society for neuroscience, 2015, 35（4）: 1530-1538.

[12] BHARWANI A, MIAN M F, FOSTER J A et al. Structural & functional consequences of chronic psychosocial stress on the microbiome & host [J]. Psychoneuroendocrinology, 2016（63）: 217-227.

[13] JOHNSON L, GELETY C. Investigation of Sex Differences In sIgA Response to the Trier Social Stress Test [J]. Stress health, 2017, 33（2）: 158-163.

[14] CASERTA M T, O' CONNOR T G, WYMAN P A, et al. The associations between psychosocial stress and the frequency of illness, and innate and adaptive immune function in children [J]. Brain behavior and immunity, 2008, 22（6）: 933-940.

[15] CAMPISI J, RAVO Y, COLE J, et al. Acute psychosocial stress differentially influences salivary endocrine and immune measures in undergraduate students [J]. Physiology and behavior, 2012, 107（3）: 317-321.

[16] PENTA AD, MORENO B, REIX S, et al. Oxidative stress and proinflammatory cytokines contribute to demyelination and axonal damage in a cerebellar culture model of neuroinflammation [J]. Plos one, 2013, 8（2）: 1-12.

[17]D'ASCOLA A, BRUSCHETTA G, ZANGHÌ G, et al. Changes in plasma 5-HT levels and equine leukocyte SERT expression in response to treadmill exercise [J]. Res vet, 2018（118）: 184-190.

[18]EHRNROOTH E, ZACHARIA R, SVENDSEN G, et al. Increased thymidylate synthase mRNA concentration in blood leukocytes following an experimental stressor [J]. Psychotherapy and psychosomatics, 2002, 71（2）: 97-103.

[19]ELENKOV I J. Glucocorticoids and the Th1/Th2 balance [J]. Annals of the New York academy of sciences, 2004（1024）: 138-146.

[20]FANG C Y, REIBEL D K, LONGACRE M L et al. Enhanced psychosocial well-being following participation in a mindfulness-based stress reduction program is associated with increased natural killer cell activity [J]. Journal of alternative and complementary medicine, 2010, 16（5）: 531-538.

[21]FILAIRE E, LARUE J, PORTIER H, et al. Lecturing to 200 students and its effects on cytokine concentration and salivary markers of adrenal activation [J]. Stress health, 2011, 27（2）: 25-35.

[22]FUERTIG R, AZZINNARI D, BERGAMINI G, et al. Mouse chronic social stress increases blood and brain kynurenine pathway activity and fear behaviour: both effects are reversed by inhibition of indoleamine 2,3-dioxygenase [J]. Brain behavior and immunity, 2016, 54: 59-72.

[23]FOERTSCH S, FÜCHSL AM, FALLER SD, et al. Splenic glucocorticoid resistance following psychosocial stress requires physical injury [J]. Scientific reports, 2017, 7（1）, 1-12.

[24]GANDHI R, HAYLEY S, GIBB J, et al. Influence of poly I: C on sickness behaviors, plasma cytokines, corticosterone and central monoamine activity: moderation by social stressors [J]. Brain behavior and immunity, 2007, 21（4）: 477-489.

[25]GÖTZ A, ALEXANDER A, STEFANSKI V. Psychosocial maternal stress during pregnancy affects serum corticosterone, blood immune parameters and anxiety behaviour in adult male rat offspring [J]. Physiology and behavior,

2007, 90（1）: 108-115.

[26]GÖTZ A, WITTLINGER S, STEFANSKI V. Maternal social stress during pregnancy alters immune function and immune cell numbers in adult male Long-Evans rat offspring during stressful life-events [J]. Journal of neuroimmunology, 2007, 185（1-2）: 95-102.

[27]GIBB J, HAYLEY S, GANDHI R, et al. Synergistic and additive actions of a psychosocial stressor and endotoxin challenge: circulating and brain cytokines, plasma corticosterone and behavioral changes in mice [J]. Brain behavior and immunity, 2008, 22（4）: 573-589.

[28]GIL S, TIMOTHY R.S, Daniel H, et al. The central nervous system and the gut microbiome [J]. Cell, 2016, 167（4）: 915-932.

[29]GONÇALVES L 1, DAFRE A L, CAROBREZ S G, et al. A temporal analysis of the relationships between social stress, humoral immune response and glutathione-related antioxidant defenses [J]. Behav brain res, 2008, 192（2）: 226-231.

[30]GAVRILOVIC L, SPASOJEVIC N, DRONJAK S. Chronic individual housing-induced stress decreased expression of catecholamine biosynthetic enzyme genes and proteins in spleen of adult rats [J]. Neuroimmunomodulation, 2010, 17（4）: 265-269.

[31]GEIGER A M, PITTS K P, FELDKAMP J, et al. Cortisol-dependent stress effects on cell distribution in healthy individuals and individuals suffering from chronic adrenal insufficiency [J]. Brain behavior and immunity, 2015（50）: 241-248.

[32]HINTIKKA J, LEHTO S M, NISKANEN L, et al. Unemployment and ill health: a connection through inflammation? [J]. BMC public health. 2009, 12（9）: 1-6.

[33]HEIDT T, SAGER H B, COURTIES G, et al. Chronic variable stress activates hematopoietic stem cells [J]. Nature Medicine, 2014, 20（7）: 754-758.

[34]HSU Y C, TSAI S F, YU L, et al. Long-term moderate exercise accelerates

the recovery of stress-evoked cardiovascular responses[J]. Stress, 2016, 19（1）: 125-132.

[35]HENNESSY M B, CHUN K, CAPITANIO J P. Depressive-like behavior, its sensitization, social buffering, and altered cytokine responses in rhesus macaques moved from outdoor social groups to indoor housing [J]. Social neuroscience, 2017, 12（1）: 65-75.

[36]ISHIHARA Y, TAKEMOTO T, ITOH K, et al. Dual role of superoxide dismutase 2 induced in activated microglia: oxidative stress tolerance and convergence of inflammatory responses [J]. Journal of biological chemistry, 2015, 290（37）: 22805-22817.

[37]KANG D H, KIM C J, SUH Y. Sex differences in immune responses and immune reactivity to stress in adolescents[J]. Biol Res Nurs, 2004, 5(4): 243-254.

[38]KONDO N, SUDA Y, NAKAO A, et al. Maternal psychosocial factors determining the concentrations of transforming growth factor-beta in breast milk [J]. Pediatr allergy immunol, 2011, 22（8）: 853-861.

[39]KRITAS S K, SAGGINI A, CERULLI G, et al. Corticotropin-releasing hormone, microglia and mental disorders[J]. Int J Immunopathol Pharmacol, 2014, 27(2): 163-167.

[40]KAMI K, TAGUCHI S, TAJIMA F. Histone acetylation in microglia contributes to exercise-induced hypoalgesia in neuropathic pain model mice [J]. Journal of pain, 2016, 17（5）: 588-599.

[41]LIN S L, HUANG C Y, SHIU S P, et al. Effects of yoga on stress, stress adaption, and heart rate variability among mental health professionals: a randomized controlled trial [J]. Worldviews evid based nurs, 2015, 12（4）: 236-245.

[42]LI Z, MA L, KULESSKAYA N, et al. Microglia are polarized to M1 type in high-anxiety inbred mice in response to lipopolysaccharide challenge [J]. Brain behavior and immunity, 2014（38）: 237-248.

[43]LITTLEFIELD A M, SETTI S E, PRIESTER C, et al. Voluntary exercise

attenuates LPS-induced reductions in neurogenesis and increases microglia expression of a proneurogenic phenotype in aged mice [J]. J neuroinflammation, 2015, 30（12）: 1-12.

[44]LAURENT H K, STROUD L R, BRUSH B, et al. Secretory IgA reactivity to social threat in youth: relations with HPA, ANS, and behavior[J]. Psychoneuroendocrinology, 2015（59）: 81-90.

[45]LEHMANN M L, COOPER H A, MARIC D, et al. Social defeat induces depressive-like states and microglial activation without involvement of peripheral macrophages [J]. J neuroinflammation, 2016, 13（1）, 1-19.

[46]LAMB A L, HESS D E, EDENBORN S, et al. Elevated salivary IgA, decreased anxiety, and an altered oral microbiota are associated with active participation on an undergraduate athletic team [J]. Physiology and behavior, 2017, 169: 169-177.

[47]LUCAS T, WEGNER R, PIERCE J, et al. Perceived discrimination, racial identity, and multisystem stress response to social evaluative threat among african american men and women [J]. Psychosomatic medicine journal of the American psychosomatic society, 2017, 79（3）: 293-305.

[48]LU Y, DONG Y, TUCKER D, et al. Treadmill exercise exerts neuroprotection and regulates microglial polarization and oxidative stress in a streptozotocin-induced rat model of sporadic alzheimer's disease [J]. Journal of alzheimers dis, 2017, 56（4）: 1469-1484.

[49]LEE M. Neurotransmitters and microglial-mediated neuroinflammation [J]. Curr protein pept sci, 2013, 14（1）: 21-32

[50]MATHEWS H L, KONLEY T, KOSIK K L, et al. Epigenetic patterns associated with the immune dysregulation that accompanies psychosocial distress [J]. Brain behavior and immunity, 2011, 25（5）: 830-839.

[51]MCKIM D B, NIRAULA A, TARR A J, et al. Neuroinflammatory dynamics underlie memory impairments after repeated social defeat [J]. J neurosci, 2016, 36（9）: 2590-2604.

[52]MEIER N F, WELCH A S.Walking versus biofeedback: a comparison of

acute interventions for stressed students [J]. Anxiety, stress, and coping. 2016, 29（5）: 463-478.

[53]MENARD C, PFAU M L, HODES G E, et al. Social stress induces neurovascular pathology promoting depression [J]. Nat neurosci, 2017, 20（12）: 1752-1760.

[54]MASSON G S, NAIR A R, SILVA S P P, et al. Aerobic training normalizes autonomic dysfunction, HMGB1 content, microglia activation and inflammation in hypothalamic paraventricular nucleus of SHR [J]. American journal of physiology heart and circulatory physiology, 2015, 309（7）: 1115-1122.

[55]NOTO Y, KUDO M, HIROTA K. Back massage therapy promotes psychological relaxation and an increase in salivary chromogranin A release [J]. J anesth, 2010, 24（6）: 955-958.

[56]NYUYKI K D, BEIDERBECK D I, LUKAS M, et al.Chronic subordinate colony housing（CSC）as a model of chronic psychosocial stress in male rats [J]. Plos one, 2012, 7（12）: 1-11.

[57]NISHII A, AMEMIYA S, KUBOTA N, et al. Adaptive changes in the sensitivity of the dorsal raphe and hypothalamic paraventricular nuclei to acute exercise, and hippocampal neurogenesis may contribute to the antidepressant effect of regular treadmill running in rats [J]. Front behav neurosci, 2017（11）: 1-13.

[58]OSLE M, BENDIX L, RASK L, et al. Stressful life events and leucocyte telomere length: do lifestyle factors, somatic and mental health, or low grade inflammation mediate this relationship? results from a cohort of Danish men born in 1953 [J]. Brain behavior and immunity. 2016（58）: 248-253.

[59]PANTER-BRICK C, EGGERMAN M, MOJADIDI A, et al.Social stressors, mental health, and physiological stress in an urban elite of young Afghans in Kabul [J]. Am j hum biol, 2008, 20（6）: 627-641.

[60]PETRA A I, PANAGIOTIDOU S, HATZIAGELAKI E, et al. Gut-microbiota-brain axis and its effect on neuropsychiatric disorders with suspected immune

dysregulation [J]. Clin ther, 2015, 37（5）: 984-995.

[61]PETERS E M J, MÜLLER Y, SNAGA W, et al. Hair and stress: a pilot study of hair and cytokine balance alteration in healthy young women under major exam stress [J]. Plos one, 2017, 12（4）: 1-21.

[62]PIETRELLI A, DI-NARDO M, MASUCCI A, et al. Lifelong aerobic exercise reduces the stress response in rats [J]. Neuroscience, 2018（376）: 94-107.

[63]REBER S O, PETERS S, SLATTERY D A, et al. Mucosal immunosuppression and epithelial barrier defects are key events in murine psychosocial stress-induced colitis [J]. Brain behavior and immunity. 2011, 25（6）, 1153-1161.

[64]READER B F, JARRETT B L, MCKIM D B, et al. Peripheral and central effects of repeated social defeat stress: monocyte trafficking, microglial activation, and anxiety [J]. Neuroscience, 2015（289）: 429-442.

[65]RONALDSON A, GAZALI A M, ZALLI A, et al. Increased percentages of regulatory T cells are associated with inflammatory and neuroendocrine responses to acute psychological stress and poorer health status in older men and women [J]. Psychopharmacology（Berl）, 2016, 233（9）: 1661-1668.

[66]RAMIREZ K, NIRAULA A, SHERIDAN J F. GABAergic modulation with classical benzodiazepines prevent stress-induced neuro-immune dysregulation and behavioral alterations [J]. Brain behavior and immunity, 2016（51）: 154-168.

[67]RAMIREZ K, SHERIDAN J F. Antidepressant imipramine diminishes stress – induced inflammation in the periphery and central nervous system and related anxiety and depressive- like behaviors [J]. Brain behavior and immunity, 2016（57）: 293-303.

[68]ROMERO-MARTÍNEZ Á, MOYA-ALBIOL L. Stress-induced endocrine and immune dysfunctions in caregivers of people with eating disorders [J]. Int j environ res public health, 2017, 14（12）: 1-10.

[69]RITZ T, TRUEBA A F, VOGEL P D, et al. Exhaled nitric oxide and vascular

endothelial growth factor as predictors of cold symptoms after stress [J]. Biol psychol, 2017（132）: 116-124.

[70] STEFANSKI V, GRÜNER S. Gender difference in basal and stress levels of peripheral blood leukocytes in laboratory rats [J]. Brain behavior and immunity, 2006, 20（4）: 369-377.

[71] SORENSEN M V, SNODGRASS J J, LEONARD W R, et al. Lifestyle incongruity, stress and immune function in indigenous Siberians: the health impacts of rapid social and economic change [J]. Am j phys anthropol, 2010, 138（1）: 62-69.

[72] SCHMIDT D, REBER S O, BOTTERON C, et al. Chronic psychosocial stress promotes systemic immune activation and the development of inflammatory the cell responses [J]. Brain behavior and immunity, 2010, 24 （7）: 1097-1104.

[73] SCOTTI M A, CARLTON E D, DEMAS G E, et al. Social isolation disrupts innate immune responses in both male and female prairie voles and enhances agonistic behavior in female prairie voles （microtus ochrogaster）[J]. Horm behav, 2016（70）: 7-13.

[74] STRAHLER J, ROHLEDER N, WOLF J M. Acute psychosocial stress induces differential short-term changes in catecholamine sensitivity of stimulated inflammatory cytokine production [J]. Brain behavior and immunity, 2015（43）: 139-148.

[75] SCHMIDT D, PETERLIK D, REBE S O. Induction of suppressor cells and increased tumor growth following chronic psychosocial stress in male mice [J]. plos one. 2016, 11（7）: 1-18.

[76] SAWICKI C M, KIM J K, WEBER M D, et al. Ropivacaine and bupivacaine prevent increased pain sensitivity without altering neuroimmune activation following repeated social defeat stress [J]. Brain behavior and immunity, 2017（69）: 113-123.

[77] SCHMIDT T, JONAT W, WESCH D, et al. Influence of physical activity on the immune system in breast cancer patients during chemotherapy [J].

Journal of cancer research and clinical oncology, 2018, 144（3）: 579-586.

[78] SHEN C, MA Y, ZENG Z, et al. RAGE-specific inhibitor fps-zm1 attenuates ages-induced neuroinflammation and oxidative stress in rat primary microglia [J]. Neurochem res, 2017, 42（10）: 2902-2911.

[79] SCHNEBLE N, SCHMIDT C, BAUER R ET AL. Phosphoinositide 3-kinase γ ties chemoattractant and adrenergic control of microglial motility [J]. Mol cell neurosc, 2017（78）: 1-8.

[80] TANAKA K F, KASHIMA H, SUZUKI H, et al. Existence of functional beta1- and beta2-adrenergic receptors on microglia [J]. J neurosci res, 2002, 70（2）: 232-237.

[81] TOMETTEN M, BLOIS S, KUHLMEI A, et al. Nerve growth factor translates stress response and subsequent murine abortion via adhesion molecule-dependent pathways [J]. Biol reprod, 2006, 74（4）: 674-683.

[82] TIINA F, JULIA P, ELINA H, et al. Physical activity, body mass index and heart rate variability-based stress and recovery in 16275 Finnish employees: a cross-sectional study [J]. bmc public health, 2016（16）: 701-713.

[83] VON-RUEDEN C R, TRUMBLE B C, HOMPSON ME, et al. Political influence associates with cortisol and health among egalitarian forager-farmers [J]. Evol med public health, 2014（1）: 122-133.

[84] VISNOVCOVA Z, MOKRA D, MIKOLKA P, et al. Alterations in vagal-immune pathway in long-lasting mental stress [J]. Adv exp med biol, 2015（832）: 45-50.

[85] VITLIC A, LORD J M, TAYLOR A E, ET AL. NEUTROPHIL FUNCTION IN YOUNG AND OLD CAREGIVERS[J]. BR J HEALTH PSYCHOL, 2016, 21(1): 173-189.

[86] VON-HAAREN B, OTTENBACHER J, MUENZ J, et al. Does a 20 week aerobic exercise training programme increase our capabilities to buffer real-life stressors? A randomized, controlled trial using ambulatory assessment [J]. European journal of applied physiology, 2015, 116（2）: 383-394.

[87] VON-LEDEN R E, KHAYRULLINA G, MORITZ K E, et al. Age

exacerbates microglial activation, oxidative stress, inflammatory and NOX2 gene expression, and delays functional recovery in a middle-aged rodent model of spinal cord injury [J]. J neuroinflammation, 2017, 14（1）: 161.

[88]WOHLEB E S, HANKE M L, CORONA A W, et al. β -Adrenergic receptor antagonism prevents anxiety-like behavior and microglial reactivity induced by repeated social defeat [J]. J neurosci, 2011, 31（17）: 6277-6288.

[89]WONG S Y, WONG C K, CHAN F W, et al. Chronic psychosocial stress: does it modulate immunity to the influenza vaccine in Hong Kong Chinese elderly caregivers? [J]. Age（Dordr）, 2013, 35（4）: 1479-1493.

[90]YOON H S, LEE K M, KANG D. Intercorrelation between immunological biomarkers and job stress indicators among female nurses: a 9-month longitudinal study [J]. Front public health, 2014, 2（4）: 2042-2054.

[91]YAMAKAWA K, MATSUNAGA M, ISOWA T, et al. Serotonin transporter gene polymorphism modulates inflammatory cytokine responses during acute stress [J]. Sci rep, 2015（5）: 138-152.

[92]YUAN T F, HOU G, ZHAO Y, et al. Commentary: the effects of psychological stress on microglial cells in the brain [J]. CNS neurol disord drug targets, 2015, 14（3）: 304-308.

[93]ZSCHUCKE E, RENNEBERG B, DIMEO F, et al. The stress-buffering effect of acute exercise: evidence for HPA axis negative feedback[J]. Psychoneuroendocrinology, 2015（51）: 414-425.

[94]ZHU X, HAN Y. Microbiota-gut-brain axis and the central nervous system [J]. Oncotarget, 2017, 8（32）: 53829-53838.

第六章　心理社会应激运动干预
心理、生理机制的整合

正如前文所述，心理社会应激会引起精神障碍，还会导致并加剧心血管病变，以及包括恶性肿瘤在内的诸多严重疾病症状。在有关人类健康和疾病的许多模型中，心理社会应激始终是模型的关键，特别是近些年来，由心理危机恶性事件所导致的重大心身性疾病呈逐年上升趋势，并成为威胁人类健康以及增加大众医疗负担的主要因素。如何控制与调节心理社会应激水平也成了心理学研究中的重要问题。

运动的本质便是"应激—适应"。竞技体育训练以及有目的体育锻炼都是给予机体超出正常生理水平的刺激，在这个过程中，机体的神经、内分泌和免疫等系统会发生一系列的调整，血液重新分布，增加肾上腺皮质激素、髓质激素的分泌等。运动时间过长，机体会出微损伤和机能下降而疲劳，如果长时间处于疲劳中会导致各种运动性疾病的发生。故运动本质上也是一种"躯体性应激源"。"躯体性应激源"是指内外环境的变化直接刺激于躯体而发生的应激过程。在理论上，为解释体育锻炼作为一种躯体性的应激源刺激为何能够调节应激水平，Sothman 等人（1996）曾提出了"跨应激源适应假说"（The Cross-Stressor Adaptation Hypothesis）。基于该理论，体育锻炼是通过心理与生理两条途径，提高对包括社会性应激源在内的其他各种应激源刺激的适应能力。

同时，国内学者颜军等（2010）在总结分析了相关研究的基础上，也认为体育锻炼的积极干预效用是当心理应激水平的增加打破了内稳态的平衡时，体育锻炼能够促进其恢复。体育锻炼还能够提供在应激情境下所需的应对资源，故而能够调节应激水平有益于身心健康，并强调运动改善心理压力可能通过"心理和生理"两条途径完成的。

情绪与认知在应激发生发展中的重要作用已被证实，对两者之间关系的探讨一直以来也是心理学研究的重点内容。体育锻炼虽已被证实是调节心理社会应激水平的重要手段，但相关研究甚少。为更好地将体育锻炼应用于心理社会应激干预实践，以促进心理危机实时监控和预警系统的建立及相关干预手段的完善，本书对相关研究进行梳理并总结分析其规律机制，以便为相关研究的开展提供一定的理论参考依据。

第一节　心理社会应激、情绪与认知

一、对 CPT 理论中情绪与认知两者之间关系的探讨

Lazarus 的认知交互作用理论认为，当面对同一应激源刺激时，不同的个体由于受到遗传、环境、文化教育等诸多因素的影响，形成了不同的认知评价与判断，并产生不同的应激性生理和心理反应。因此，Lazarus 认为，认知是决定心理应激发生发展以及应激水平强弱的关键。在实践中，该理论能够对许多心身性异常症状的内在机理进行解释，故被许多专家学者所认可，成为公认的心理学中的经典理论。但该理论笼统地将情绪视为由认知评价所决定的，没有对情绪在应激发生发展过程中所起的作用进行更深层次的探讨。

在急性应激过程中，伴随着消极情绪所发生的应激性反应在应激结束后常常又会恢复正常。例如，在愤怒或恐惧时，人的血压会上升，虽亦与压力感知相关，但往往只是一种正常的生理变化，当应激情境消除后，血压又会恢复正常。只有长期处于异常的情绪状态下，才会导致内环境稳态失衡以及神经内分泌免疫网络紊乱，进而引起各种心身性的异常症状。例如，长期处于恐惧或焦虑的应激情境下，血压会持续性异常升高，并由一种生理性的变化逐渐转化为不可逆转的病理性损害，从而诱发各种高血压相关的心理生理症状。研究还证实，减少应激过程中所伴发的异常情绪就可以缓冲应激水平（Gallan et al.，2015；Puterman et al.，2017）。故情绪也是决定应激发生发展的关键。通过了解情绪变化的规律，探索如何恰当地调节情绪以缓冲心理社会应激的效用，也是当前心理学研究领域的重点内容。

二、心理学中对情绪与认知两者之间关系的认识

（一）情绪独立于认知的观点及证据

在心理学研究中，对情绪与认知两者之间关系的讨论由来已久。Zajonc 提出了情绪可以独立于认知的观点，他认为情绪不是认知加工的结果，即使没有认知过程，情感也可以产生，这就是情感优先假说。Zajonc 的情感优先假说随后被许多研究所证实（Zajonc 1980, 1984）。其中，Jiang 等（2017）利用脑电技术证实了负性情绪对儿童认知的促进与干扰效应。还有学者的研究发现，情绪可以对推理能力产生有害影响（Trémolière, Gagono and Blanchette, 2016），并影响反应精度的提高（Lewis, Zax and Cordes, 2017），以及执行功能等（Ohyama and kaga, 2017; Hu et al., 2012）。Liu 等人（2015）则进一步发现，低趋近积极情绪干扰冲突加工，而高趋近积极情绪促进冲突加工。Xue 等人（2013）认为，积极情绪之所以会对认知冲突产生影响可能与积极情绪影响了冲突监测和反应的选择有关。此外，最近研究还发现，情绪能显著影响注意和感知（Neveu et al., 2017; Lee and Kim, 2017; Bekhtereval and Müller, 2017），并影响记忆（Buchanan, 2007），且不仅在编码与提取阶段对记忆产生影响，还可以在回忆阶段起作用（Meng et al., 2017）。

（二）认知决定情绪的观点及证据

Lazarus（1982）对情绪决定认知的观点提出了反对意见，他认为，无论体验何种情绪，都必须先进行认知评价，认知是情绪产生的必要前提条件。这一代表性的观点也被许多研究所证实。最近一项研究发现，受试者参加社会认知训练后，其情绪加工能力得到显著改善并降低了攻击态度（Trujillo et al., 2017）。还有研究表明，被试认知能力增加的同时，其消极情绪的负面影响则减少（Gu et al., 2017; Hyun et al., 2017）。有学者以病人为研究对象，发现通过调整认知偏向的调整可以减少对乳腺癌复发的恐惧（Lichtenthal et al., 2017）。还有研究证实，记忆也会影响情绪（Mirandola and Toffalini, 2017），回顾积极的事情可以增加对积极情绪的体验（Gadeikis et al., 2017）。

（三）认知与情绪交互作用的观点及证据

Kleiginna（1985）综合分析了 Zajonc 和 Lazarus 的观点，认为他们的分歧是由于对情感和认知的概念和内涵的界定范围不同所导致的。Lazarus（1999）后来也认为，认知与情感两分法仅是科学构想，本质上并不存在。情绪影响着认知，对认知给予积极或者消极的影响。例如，当心情高兴的时候，平常一些为难的事情我们也会一口应允；而当愤怒的时候，却常常不听劝告，一意孤行或者做事不计后果等，这其实就是一种情绪影响认知的表现。同时，认知也影响着情绪，对情绪起着调节作用。比如，有的人遇事冷静不慌乱或"喜怒不形于色"，并被认为是有"城府"或"大将风度"，这其实就是一种认知调节情绪的表现。更为准确地说，认知与情绪是一个既可以同时发生又可以先后相继发生的连续的动态流程。情绪与认知两者之间是高度互动且一体的（Pessoa，2015），在脑中是一个深度整合的过程 (Kiverstein and Miller，2015)。

第二节　心理社会应激、情绪、认知与运动

一、情绪与认知两者之间的交互变化决定着应激的发生发展

在心理社会应激过程中，社会性应激源刺激既可能会引起认知方面的改变，也可能导致情绪方面的变化。如果将应激过程中所发生的情绪变化仅仅认为是由认知所决定的，并不符合情绪形成的内在规律。研究还证实，控制情绪和认知的神经中枢是在同一部位。应激所引起的情感变化与前额叶的激活有关，而注意方面的变化也与边缘系统的激活有关（Ma et al., 2017），即前额叶除了对事件进行评价以及赋予事件意义，也参与情绪的调节，而边缘系统除了调节情绪也参与认知过程。Dedovic 等人（2009）曾经开发了一个事件相关（eventmist）的研究范式，在其实验的挑战性任务阶段，双侧背内侧前额叶皮层活性会增加，而在回应负面社会评价阶段，受试者边缘系统区域的脑活动则减少。该研究证实，在心理社会应激过程中，随着应激源刺激强度与性质的变化，相关脑区的神经活性也随之发生改变。更有研究证实，情感与认知两者之间的相互作用取决于目标识别的难点和资源加工的限制（Siciliano et al., 2017）。故在心理社会应激过程中，情绪与认知两者的产生虽然有前后，但并不存在着必然的先后，而是处于一种动态的交互变化中。

综上所述，情绪与认知的产生是难分彼此的一个过程，在以负性生活事件为主的社会性应激源刺激下，既可能通过刺激情绪，也可能通过影响认知，继而引起心理和生理上的各种反应，还可能会引起行为方面的异常反应（图 6-1）。同时，在这个过程中，如果先是通过刺激情绪而引起的应激反应，同时也会影响认知；反之，如果先是对作用于自身的情境刺激，经过认知评价后再引起的应激反应也会影响情绪。关于应激源刺激先是影响情绪还是先影响认知，是由环境、教育及遗传等诸多因素共同决定的（Sreit et al., 2014；Li et al., 2015；Muscatell et al., 2016），并动态决定着应

激水平的强弱。

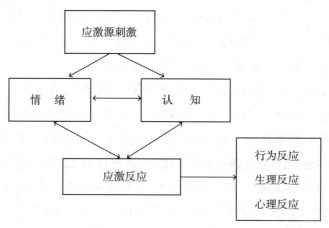

图 6-1　心理社会应激情绪认知交互作用动态理论模型

二、体育锻炼对心理社会应激水平的调节是由情绪与认知两者之间的交互作用所决定的

（一）体育锻炼是调节心理社会应激水平的重要干预手段

体育锻炼对人体生理方面的有益影响很早就为人所知，但对心理健康方面的积极效益是后来才被重点关注的。在心理社会应激研究领域，由于人口学和生物学因素的影响，同一个体面对不同的应激源刺激以及不同的个体面对同一种应激源刺激皆存在着千差万别的应激性反应。此外，运动训练本质上是一种"躯体性应激源"。而"躯体性应激源"是指内外环境的变化直接刺激于躯体而发生的应激过程。为解释体育锻炼作为一种躯体性的应激源刺激为何能够调节心理应激水平，Sothmann 等人（1996）提出了"跨应激源适应假说"。基于该理论，体育锻炼是有目的地给予机体超出正常生理水平的刺激，致使运动、循环、呼吸、神经内分泌免疫等诸系统发生一系列的有益调整，进而能够通过心理与生理两种途径，提高对包括社会性应激源在内的其他各种应激源刺激的适应能力。在体育科学的研究领域，对心理社会应激运动锻炼干预的研究，是以不同年龄、不同性别、不同种族和不同职业等群体作为研究对象，以不同运动形式、不同运动量

101

和不同运动强度等相互组合作为干预手段，而对同样纷繁复杂的心理行为进行探索的一个过程。由于心理社会应激发生发展的诸多影响因素的复杂性，在对其体育锻炼干预积极效用内在机理的研究方面目前虽有一些发现，但成果尚未令人满意，还需学者进行更多的探索。

而早在 1982 年，Kobasa 等人首次发现了体育锻炼缓冲心理应激的积极效应。此后，Roth 和 Holmes（1987）为证实运动能够有效减少应激对心理和生理方面的负面影响，他们先是对 1000 人进行调研，并从中选出了在先前的一年中曾经经历过数量较高负面生活事件者 55 人，进行体育锻炼干预。其研究结果也证实，对于应激性生活事件所引起的抑郁症状，有氧运动是有效的调节手段。近些年的研究还发现，运动干预能够调节压力感知（Haaven et al.，2016），消除应激性消极情绪以及脱氢表雄酮昼夜节律变化的影响（Childs and Wit，2014；Heaney，Carroll and Phillips，2014）。由此可以证实，体育锻炼实是心理社会应激干预的一种重要手段。

（二）体育锻炼先调节情绪再影响认知进而调节应激水平

运动可以通过对情绪的调节而影响认知。其具体表现为，情绪可以影响时间与空间的感知从而影响动作控制（Longuet et al.，2015）；与运动相关的情绪还会影响记忆（Mika et al.，2015；Babel，2016）。而运动后疲劳所致的负性情绪会导到更高水平的知觉疲劳等（Keramidas et al.，2016）。在心理社会应激的研究领域中，许多研究皆证实了经常参加体育锻炼会促进积极情绪的增多故有益于压力缓冲的结论（Silverman and Deuster，2014；Galla and Wood，2015；Lin et al.，2015）。而依据积极情绪扩展—建构理论，积极情绪的增多可以扩展人们的思维和知行能力。当人们感觉良好时，他们的思维会变得更具有创造性和综合性，更加灵活和开放，并帮助人们发现并建立相应的个人资源，这些资源包括智力上、身体上，以及社会和心理方面（Fredrickson，2003）。故经常参加体育锻炼必然使个体在面对心理社会应激刺激时能有更多的合理认知。根据 Lazarus 的认知交互作用理论，合理认知的增加必然能够对应激源刺激做出相对正确的评价与判断，因此可能会有更高的积极应对能力，从而调节了应激水平。以"长期处于异常应激性情绪反应下会导致血压升高"为例，当前，临床上并无根治高血压的方法，首先，长期的血压异常升高可能会损害脑血管系统及神经系统机能，可能会导致逻辑、思维记忆等认知损伤。体育锻炼能够通过调节情绪故能降低高血压，减轻高血压症状并反作用于认知而有益于压力缓冲。其次，消极情绪如恐惧、焦虑等所引起的自主神经失衡会导致异常的应激性反应，如血压升高、心率加快等，并能够增加对应激情境的消极认知评价，从而更进一步加剧异常的应激性生理反应而诱发或加剧高血压症状。经常参加体育锻炼能够调节情绪，改善循环系统机能（如窦性心动徐缓），从而有利于改善应激情境下的认知评价。

故体育锻炼对情绪的调整能够间接作用于认知，并形成动态的良性循环，调节应激水平而有益于身心健康（图 6-2）。

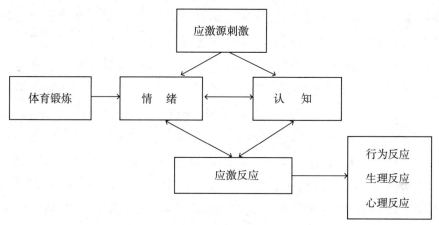

图 6-2　体育锻炼可以通过情绪影响认知而缓冲应激水平

（三）体育锻炼先影响认知再调节情绪进而调节应激水平

运动也可以影响并调节认知。研究发现，前额叶是与认知有关的重要脑区，自行车运动会导致前额叶 α 波活性增加；同时还发现，3 分钟的拳击运动除了对健身者的认知表现有积极作用，还伴有前额叶皮层活动减少（Wollseiffen et al., 2016）。另一项针对多动症儿童的研究则显示，提高身体活动水平可以提高认知执行功能（Gawrilow et al., 2016）。研究还证实，体育锻炼可以通过改善认知进而调节情绪（Zaino and Hashim, 2015）。研究还发现，对运动重要性的认知评价和记忆能够影响运动中的情绪（Karnaze, Levine and Schneider, 2017）。还有一项研究采用间歇训练和持续训练两种模式，来验证生理变量（最大摄氧量和最大心率百分比）和心理变量（主观疲劳感觉量表）对情感反应的预测效应。该研究采用线性回归方法对数据进行统计分析，结果显示，主观疲劳感觉量表的预测效果要好于最大摄氧量和最大心率百分比。该研究据此认为，运动所引起的情感变化还受到如何感知这种强度变化的调节（Viana et al.，2015）。依据该研究成果可以对比赛中一些运动员的表现进行解释。比如，在篮球比赛中，如果在比赛结束前自己的球队占上风，球员们对运动强度的感知往往是较为轻松的，甚至会忽略心理生理上的疲劳，故球员们也更加积极兴奋，并有益于运动机能的维持；反之，当比赛面临失败，虽然比赛的强度可能是相同的，但球员们的感知却是较为沉重的，其情绪也是消极的、沉闷的，并加剧了运动疲劳。还有研究证实，运动中的情绪变化还会受到对身体温度感知觉的影响。在该研究中，研究者选取了 92 名大学生参加脚踏车形式的运动，运动时间为 10 分钟，运动强度为 80%~85% 最大心率，在运动开始和结束的时候分别进行相关指标的测试，结果发现，运动所致的脸颊温度的增加和情绪的变化负相关（Legrand，Bertucci and Arfaoui，2015）。

　　研究还进一步发现，体育锻炼可以先通过改变认知再调节情绪，进而调节了心理社会应激水平及相关联的心身性异常症状（图 6-3）。其中一项研究采用了秋千摆动的运动形式，参与者根据舒适度分别调整秋千摆动的频率、持续的时间和强度。该项研究表明，秋千摆动可以刺激前庭系统，从而显著地降低了焦虑状态。该研究据此认为，控制性前庭刺激疗法可以成为缓解大学生应激和应激相关疾病的一种潜在方法（Sailesh and Mukkadan，2015）。另外，根据注意力分散理论，经常参加体育锻炼可以从对日常心理压力的注意和感知中分散出来，故降低了抑郁、焦虑、恐惧等各种异常情绪，继而调整了应激性的心理生理反应，最终调节了应激水平。

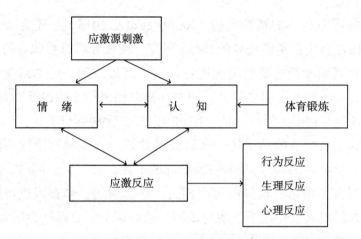

图6-3　体育锻炼通过影响认知而调节情绪，进而调节应激水平

综上，体育锻炼既可以改善情绪又可以调节认知，体育锻炼对心理社会应激水平的调节是通过对情绪与认知两者之间交互作用施加了影响而实现的。

（四）对体育锻炼缓冲心理社会应激机制的总结

体育锻炼调节应激性反应并反作用于情绪与认知，是其能够调节心理社会应激水平的第三条途径（图6-4）。

体育锻炼可以调节情绪、改善认知进而缓冲了心理社会应激水平，在其生理学机制研究方面，学者一般认为与长期体育锻炼钝化了应激性生理反应相关（Jin，1992），并与脑源性神经营养因子（BDNF）水平的增加（Kim and Leem，2016），以及自主神经系统机能的改善相关联（Lin et al.，2015；Haaren et al.，2016；Meier and Welch，2016；Tiina et al.，2016）。Jin（1992）曾经使用心算、负性情绪电影作为心理应激源，证实了在太极拳锻炼干预后，受试者主要的应激反应生理标志物——唾液皮质醇水平明显下降并改善了情绪状态。学者Statrkweather（2017）选取10名老年人参加10周的运动锻炼，然后发现他们的IL-6显著下降并伴有积极情绪显著性增加。5-羟色胺能信号（5-HT ergic）可以调节与精神障碍相关的认知和情绪加工（Rogers，Renoir and Hannan，2017），并与应激压力所产生的生理反应密切相关（Yamakawa et al.，2015）。体育锻炼可以调节脑内5-HT系统机能（Bernhard et al.，2018），且中缝背核（DRN）是5-HT神经元主要来源之地，而体育锻炼可以通过对DRN神经元敏感性变化的调节来防治与压力相关的精神疾病（Nishii et al., 2015）。还有一项使用蒙特利尔成像社会应激实验任务的 fMRI 研究，在任务后对被试者的神经内分泌指标以及其脑神经的激活情况进行评估。结果发现，运动组受试者在急性应激后其皮质醇水平明显减少，同时其脑双侧海马（HIPP）的活性较高，而前额叶皮质（PFC）活性较低。HIPP 和 PFC 皆是参与下丘脑—垂体—肾上腺（HPA）轴调节的脑结构。该研究据此认为，运动对急性应激的缓冲作用依赖于负反馈的调节机制（Zschucke et al., 2015）。同时，海马体、前额叶皮层皆与情绪、认知的形成相关。综上所述，体育锻炼可以通过调节应激性的反应来反作用于情绪与认知，进而调节了心理社会应激水平。

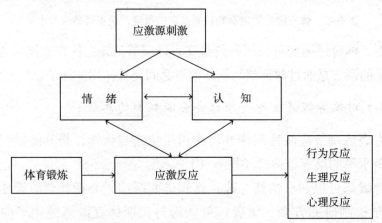

图 6-4 体育锻炼通过调节应激反应来反作用于情绪与认知，进而调节应激水平

总之，体育锻炼之所以会对心理社会应激有着积极的缓冲调节作用，其原因是与运动能够对情绪或者认知及相关联的应激性反应施加直接或间接的影响，从而对情绪与认知两者之间的交互作用产生动态影响相关（图6-5）。并最终有益于促进身心健康水平的提高。

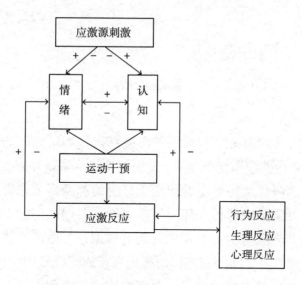

图 6-5 心理社会应激运动干预机制

本章小结

根据情绪与认知两者之间关系的研究结果，本研究认为，在以负性生活事件为主的社会性应激源刺激下，会引起情绪或者认知方面的动态变化，至于应激源先刺激情绪还是先对作用于自身的刺激情境进行认知评价后做出应激反应，可能是由遗传、环境等诸多因素共同决定的。体育锻炼之所以会对心理社会应激水平有着积极的调节作用，其原因可能是由于运动能够对情绪与认知两者之间的交互作用施加直接或间接影响而实现的。然而，相关的研究目前还处于摸索阶段，存在着许多的未明之处。例如，在心理社会应激体育锻炼干预过程中，其情绪的变化，如情绪的唤起、强度等与注意、想象、思维、记忆等认知过程深层次的联系目前还不清楚。另外，人的心理行为的变化都受控于中枢神经系统。现有的证据已经证实，运动能够对大脑的结构和功能及相关联的内分泌、免疫等系统产生直接的影响而有益于压力的缓冲，但研究也没有深入，从分子水平上对起关键作用的神经递质、激素、免疫因子之间关系的研究更是处于起步阶段，远未形成统一的理论框架。神经功能成像技术以及电生理技术的发展，使研究者能够对神经系统机能的变化提供相对客观的证据，但还不能够对复杂的应激情境以及多变的体育运动形式实施实时监控，故还无法阐明情绪、认知在心理社会应激运动干预过程中所起作用的最终机理。总之，未来的研究任重而道远。

参考文献：

[1] GALLA BM, & WOOD J J. Trait self-control predicts adolescents' exposure and reactivity to daily stressful events [J]. Journal of personality, 2015, 83 （1）: 69.

[2] PUTERMAN E, WEISS J, BEAUCHAMP M R, et al. Physical activity and negative affective reactivity in daily life [J]. Health psychol, 2017（36）: 1186-1194.

[3] ZAJONC R B. Feeling and thinking [J]. American psychologist, 1980, 35（2）: 151-175.

[4] ZAJONC R B. On the primacy of affect [J]. American psychologist, 1984, 39 （2）: 117-123.

[5] JIANG Z, WATERS A C, LIU Y, et al. Event-related theta oscillatory substrates for facilitation and interference effects of negative emotion on children's cognition [J]. International, journal of psychophysiol, 2017（116）: 26-31.

[6] TRÉMOLIÈRE B, GAGNON MÈ, BLANCHETTE I. Cognitive load mediates the effect of emotion on analytical thinking [J]. Experimental psychology, 2016, 63（6）: 343-350.

[7] LEWIS E A, ZAX A, CORDES S. The impact of emotion on numerical estimation: a developmental perspective [J]. Q j exp psychol（Hove）, 2017 （18）: 1-36.

[8] OHYAMA T, KAGA Y. Developmental changes in autonomic emotional response during an executive functional task: a pupillometric study during Wisconsin card sorting test [J]. Brain dev, 2017, 39（3）: 187-195.

[9] HU K, BAUER A, PADMALA S, et al. Threat of bodily harm has opposing effects on cognition [J]. Emotion, 2012（12）: 28-32.

[10]LIU Y, WANG Z, QUAN S, et al. The effect of positive affect on conflict resolution: Modulated by approach-motivational intensity [J]. Cogn emot, 2015, 31（1）: 69-82.

[11]XUE S, CUI J, WANG K, et al. Positive emotion modulates cognitive control: An event-related potentials study [J]. Scand j psychol, 2013（54）: 82-88.

[12]DOMINGUEZ B J, RIEGER S W, NEVEU, et al. Fear spreading across senses: visual emotional events alter cortical responses to touch, audition, and vision [J]. Cereb cortex, 2017, 27（1）: 68-82.

[13]LEE H, KIM J. Facilitating effects of emotion on the perception of biological motion: evidence for a happiness superiority effect [J]. Perception, 2017, 46（6）: 679-697.

[14]BEKHTEREVA V, MÜLLER M M. Bringing color to emotion: the influence of color on attentional bias to briefly presented emotional images [J]. Cogn affect behav neurosci, 2017, 17（5）: 1028-1047.

[15]BUCHANAN T W. Retrieval of emotional memories [J]. Psychol bull, 2007（133）: 761-769.

[16]MENG X, ZHANG L, LIU W, et al. The impact of emotion intensity on recognition memory: valence polarity matters [J]. Int j psychophysiol, 2017（116）: 16-25.

[17]LAZARUS R S. Thought on the relations between emotion and cognition [J]. American psychologist, 1982（37）: 1019-1024.

[18]Trujillo S, Trujillo N, Lopez J D, et al. Social cognitive training improves emotional processing and reduces aggressive attitudes in ex-combatants [J]. Front psychol, 2017（8）: 510-523.

[19]GU L, YANG L M, Man L M et al. Seeing the big picture: Broadening attention relieves sadness and depressed mood [J]. Scand j psychol, 2017, 58（4）: 324-332.

[20]HYUN J, SLIWINSKI M J, ALMEIDA D M, et al. The moderating effects of aging and cognitive abilities on the association between work stress and

negative affect [J]. Aging ment health, 2017（29）: 1-8.

[21]LICHTENTHAL W G, CORNER G W, SLIVJAK E T, et al. A pilot randomized controlled trial of cognitive bias modification to reduce fear of breast cancer recurrence [J]. Cancer, 2017, 123（8）: 1424-1433.

[22]MIRANDOLA C, TOFFALINI E. What happened first? Working memory and negative emotion tell you better: evidence from a temporal binding task [J]. Cogn emot, 2017（21）:1-8.

[23]GADEIKIS D, BOS N, SCHWEIZER S, et al. Engaging in an experiential processing mode increases positive emotional response during recall of pleasant autobiographical memories [J]. Behav res ther, 2017（92）: 68-76.

[24]KLEINGINNA P R, KLEINGINNA A M. Cognition and affect: A reply to Lazarus and Zajonc [J]. American psychologist, 1985, 40（4）: 470-471.

[25]LAZARUS RS. The cognition-emotion debate: A Bit of History [M]. Chichester: John Willey and sons, ltd, 1999: 3-20.

[26]PESSOA L. The cognitive-emotional amalgam [J]. Behav brain sci, 2015（38）: 91-99.

[27]KIVERSTEIN J, MILLER M. The cognitive-emotional brain is an embodied and social brain [J]. Behav brain sci, 2015（38）: 60-66.

[28]MA S T, ABELSON J L, OKADA G, et al. Neural circuitry of emotion regulation: Effects of appraisal, attention, and cortisol administration [J]. Cogn affect behav neurosci, 2017, 17（2）: 437-451.

[29]DEDOVIC K, REXROTH M, WOLFF E. Neural correlates of processing stressful information: an event-related fMRI study [J]. Brain res, 2009（1293）: 49-60.

[30]SICILIANO R E,MADDEN D J,TALLMAN C W,et al.Task difficulty modulates brain activation in the emotional oddball task [J].Brain res, 2017（1664）:74-86.

[31]STREIT F, HADDAD L, PAUL T, et al. A functional variant in the neuropeptide S receptor 1 gene moderates the influence of urban upbringing on stress processing in the amygdala [J]. Stress, 2014, 17（4）: 352-361.

[32] MUSCATELL K A, EISENBERGER N I, DUTCHER J M, et al. Links between inflammation amygdala reactivity and social support in breast cancer survivors [J]. Brain behav immun, 2016（53）: 34-38.

[33] LI S, WEERDA R, MILDE C, et al. ADRA2B genotype differentially modulates stress-induced neural activity in the amygdala and hippocampus during emotional memory retrieval [J]. Psychopharmacology, 2015, 232（4）: 755-764.

[34] SOTHMANN MS, BUCKWORTH J, CLAYTOR RP, et al. Exercise training and the cross-stressor adaptation hypothesis [J]. Exerc sport sci rev, 1996, 24（1）: 267-287.

[35] KOBASA S C, MADDL S R, PUCCETTL M C. Personallty and exerclse as buffers In the stress-lllness-relatlonship [J]. J hehav med, 1982（5）: 391-404.

[36] ROTH D L, HOLMES D S. Influence of aerobic exercise training and relaxation training on physical and psychologic health following stressful life events [J]. Psychosom med, 1987, 49（4）: 355-365.

[37] HAAREN B, OTTENBACHER J, MUENZ J, et al. Does a 20 week aerobic exercise training programme increase our capabilities to buffer real-life stressors? A randomized controlled trial using ambulatory assessment [J]. Eur j appl physiol, 2016（116）: 383-394.

[38] CHILDS E, WIT H. Regular exercise is associated with emotional resilience to acute stress in healthy adults [J]. Front physiol, 2014, 5（5）: 1-7.

[39] HEANEY J L, CARROLL D, PHILLIPS A C. Physical activity, life events stress, cortisol, and DHEA: preliminary findings that physical activity may buffer against the negative effects of stress [J]. J aging phys act, 2014, 22（4）: 465-473.

[40] VERNAZZA-MARTIN S, LONGUET S, DAMRY T, et al. When locomotion is used to interact with the environment: investigation of the link between emotions and the twofold goal-directed locomotion in humans [J]. Exp brain res, 2015, 233（10）: 2913-2924.

[41]BĄBEL P. Memory of pain induced by physical exercise [J]. Memory, 2016, 24（4）: 548-559.

[42]MIKA A, BOUCHET CA, BUNKER P, et al. Voluntary exercise during extinction of auditory fear conditioning reduces the relapse of fear associated with potentiated activity of striatal direct pathway neurons [J]. Neurobiol learn mem, 2015（125）: 224-235.

[43]KERAMIDAS M E, STAVROU N A, Kounalakis S N, et al. Severe hypoxia during incremental exercise to exhaustion provokes negative post-exercise affects [J]. Physiol behav, 2016（156）: 171-176.

[44]LIN S L, HUANG C Y, SHIU S P, et al. Effects of yoga on stress, stress adaption, and heart rate variability among mental health professionals-a randomized controlled trial [J]. Worldviews evid based nurs, 2015, 12（4）: 236-245.

[45]SILVERMAN MN, DEUSTER PA. BIOLOGICAL mechanisms underlying the role of physical fitness in health and resilience [J]. Interface focus, 2014, 4（5）: 1-12.

[46]FREDRICKSON BL. The value of positive emotions: the emerging science of positive psychology is coming to understand why it's good to feel good [J]. American psychologist, 2003（91）: 330-335.

[47]WOLLSEIFFEN P, GHADIRI A, SCHOLZ A, et al. Short bouts of intensive exercise during the workday have a positive effect on neuro-cognitive performance [J]. Stress health, 2016, 32（5）: 514-523.

[48]GAWRILOW C, STADLER G, LANGGUTH N, et al. Physical activity, affect, and cognition in children with symptoms of ADHD [J]. J atten disord, 2016, 20（2）: 151-162.

[49]ZAINO NA, HASHIM HA. Does exercise habit strength moderate the relationship between emotional distress and short-term memory in Malaysian primary school children? [J]. Psychol health med, 2015, 20（4）: 495-502.

[50]KARNAZE MM, LEVINE LJ, SCHNEIDER M. Misremembering past affect predicts adolescents' future affective experience during exercise [J]. Res q

exerc sport, 2017, 88（3）: 316-328.

[51] RAMALHO OLIVEIRA R, VIANA BF, Pires FO, et al. Prediction of affective responses in aerobic exercise sessions [J]. CNS neurol disord drug targets, 2015, 14（9）: 1214-1218.

[52] LEGRAND FD, BERTUCCI WM, ARFAOUI A. Relationships between facial temperature changes, end-exercise affect and during-exercise changes in affect: a preliminary study [J]. Eur j sport sci, 2015, 15（2）: 161-166.

[53] SAILESH K S, MUKKADAN J K. Controlled vestibular stimulation standardization of a physiological method to release stress in college students [J]. Indian j physiol pharmacol, 2015, 59（4）: 436-441.

[54] KIM D M, LEEM Y H. Chronic stress-induced memory deficits are reversed by regular exercise via AMPK-mediated BDNF induction [J]. Neuroscience, 2016（324）: 271-285.

[55] MEIER NF, WELCH AS. Walking versus biofeedback: a comparison of acute interventions for stressed students [J]. Anxiety stress coping, 2016, 29（5）: 463-478.

[56] TIINA F, JULIA PI, ELINA H, et al. Physical activity body mass index and heart rate variability-based stress and recovery in 16275 Finnish employees: a cross-sectional study [J]. BMC public health, 2016（16）: 1-13.

[57] JIN P. Efficacy of Tai Chi, brisk walking, meditation, and reading in reducing mental and emotional stress [J]. J psychosom res, 1992, 36（4）: 361-370.

[58] STATRKWEATHER AR. The effects of exercise on perceived stress and IL-6 levels among older adults [J]. Biol res nurs, 2007, 8（3）: 186-194.

[59] ROGERS J, RENOIR T, HANNAN AJ. Gene-environment interactions informing therapeutic approaches to cognitive and affectivedisorders [J]. Neuropharmacology, 2017（145）: 37-48.

[60] YAMAKAWA K, MATSUNAGA M, ISOWA T, et al. Serotonin transporter gene polymorphism modulates inflammatory cytokine responses during acute stress [J]. Sci rep, 2015（5）: 138-152.

[61] BERNHARD F, BRUSCHETTA G, ZANGHÌ G, et al. Changes in plasma

5-HT levels and equine leukocyte SERT expression in response to treadmill exercise [J]. Res vet sci, 2018（118）: 184-190.

[62]NISHII A, AMEMIYA S, KUBOTA N, et al. Adaptive changes in the sensitivity of the dorsal raphe and hypothalamic paraventricular nuclei to acute exercise, and hippocampal neurogenesis may contribute to the antidepressant effect of regular treadmill running in rats [J]. Front behav neurosci, 2017（11）: 1-13.

[63]ZSCHUCKE E, RENNEBERG B, DIMEO F, et al. The stress-buffering effect of acute exercise: evidence for HPA axis negative feedback [J]. Psychoneuroendocrinology, 2015（51）: 414-425.

[64]颜军, 陈爱国, 朱凤书. 大学生心理压力运动干预的研究发展 [J]. 2010, 31（5）: 90-94.

第七章　应激适应与大学生锻炼行为的形成

第一节 大学生体质不强及体育"知而不行"
原因的分析

当前大学生的体质不强已是事实（朱海涛等，2017）。究其原因，主要是体育行为的不足（高泳，2014；李先雄等，2018；刘冬笑、金育强，2018）。国家一直重视青少年体质问题，2007 年《中共中央 国务院关于加强青少年体育增强青少年体质的意见》要求进一步加强学校体育工作，切实提高广大青少年学生的健康素质，促进青少年学生的全面发展。2010 年，国务院颁布的《国家中长期教育改革和发展规划纲要》中指出："加强心理健康教育，促进学生身心健康、体魄强健、意志坚强。"2013 年，党的十八届三中全会通过的《中共中央关于全面深化改革若干重大问题决议》中继续强调强化体育课和课外锻炼。而增强大学生的体育行为，单独依靠学校院系的行政命令，或教师家长的要求往往达不到目的，其关键是要帮助大学生树立正确的体育态度（付东，2014）。基于此，本研究结合健康教育学、教育学、社会心理学、教育心理学以及锻炼心理学相关理论，探索在高校情境下如何通过体育知识学习的过程，构建以促进大学生积极体育态度形成为目的"体育知识—态度"理论模型，并对该模型进行初步验证，最终为高校体育教学改革的顺利开展以及大学生体质水平的提高提供一定的理论依据。

一、相关制度

当前，国家对各级学校的体质健康促进政策缺乏完善的评价机制（秦婕，2015），政策执行出现问题（杨成伟等，2014），出现了执行角度产生偏离、执行力度缺乏、执行尺度不足和执行深度不够等现象（张晓林等，2017）。追究其根源，应试教育体制难辞其咎（张建新，2008）。此外，在各级各类学校中，较之于与各类选拔性考试直接相关的"智育"，体育活动的开展却不尽如人意（李全生等，2016）；学校体育的重心偏向于可给学校带来荣誉的竞技运动，而对学生体质健康的关怀甚少（胡依琴、王文清，2012）。

二、运动场地设施

体育运动场馆和器材的严重匮乏也是导致大学生体质较差的重要原因（宋述雄、金昌龙，2009；徐芝芳、曾锡银，2009；黄柳倩等，2017）。而场馆器材的匮乏，首先是由于高校的扩招与扩建带来的资金紧张所引起的（刁国炎，2012），其次是体育运动具有一定的安全隐患，在运动中伤害事故时有发生，再加之学生的体质问题往往是"隐性因素"（郭震、吴广胜，2013），且青少年体育活动经费的提取和安排依然是"领导说了算"（李东斌，2014），因此在高校资金普遍不足的背景下，多余的资金去修建场地以及改善器材和设备（刘瑶、邵锡山，2005），最终影响了学校体育运动的开展；同时，部分高校场地器材有偿服务的管理模式（郑慧芳等，2012），这也在不同程度上影响了大学生参加体育锻炼的兴趣及态度。

三、体育课程设置以及教学质量

当前学校体育课程设置的内容与体育实践结合得不够紧密，不甚合理（王远、姚继方，2009），体育时间安排较少（汪波等，2014），且由于是必修课程，不论学生喜欢与否都得接受（赵忠伟等，2008），再加之，由于生活条件普遍较好，大多数学生缺乏刻苦锻炼的坚强意志（周良云、许良，2013），而学校体育课堂教学又往往是按照竞技体育要求进行的（段黔冰、王涛，2005；王向东，2015），苛求技术规范使大学生产生畏难心理（刘瑶、邵锡山，2005），难以受到他们的喜爱。同时，学生参与运动需要教师的监督指导（郭震、吴广胜，2013），而高校公共体育教学中的体育教师数量配备不足（姚鑫，2010），再加之由于偏重智育、没有摆正体育的正确位置而挫伤了体育教师的积极性（王远、姚继方，2009），导致在学校体育活动中，教师可能只针对整体的"面"而忽视个别的"点"（郭震、吴广胜，2013），且一直以来以"教师为中心"的教学（赵忠伟等，2008）虽然非常适合传授知识，但常常会枯燥乏味，对于学生自觉锻炼意识以运动习惯的形成等作用十分有限（叶茂盛、邱招义，2017）。

四、家庭与社会

受传统观念及不正确健康理念的影响，大众常认为从事体育的人员都是"四肢发达头脑简单"（余良芬、吴本连，2015），且只要文化成绩好，其他都是次要的（郭震、吴广胜，2013）等。同时，就业单位对毕业生的考核过于重视专业能力和外语水平，而较少考虑毕业生的体质状况（姚鑫，2010），这些都在影响着大学生体育行为习惯的形成。当前研究还发现，我国不同地区大学生体质状况与该地区经济发展成正比关系（刘瑶、邵锡山，2005），各地高校体育经费投入与在校大学生体质状况也是成正相关的（冯海，2009）。因为地区经济越发达，其拥有的优质体育教育资源就会越多，学校体育设施和城市公共体育设施会越完善，体育师资力量也会越强大，因而能很好地实施体育课程（李强等，2017），这些家庭、社会相关因素都在从不同方面影响着大学生体质水平的提高。

五、大学生当中也存在对体育"知而不行"的现象

综上可知，导致大学生群体体育行为不足的原因，几乎皆是外在的，如相关制度、场地场馆、学业等因素，并非是说大学生不清楚体质与健康之间的关联。一个大学生从小学到大学，常规要经过12年的时间，在各个学习阶段，体育课都是必修课，再加上各种信息传播渠道的广泛宣传，大学生已经透彻了解"生命在于运动"即体育与体质健康之间的关系（杨成伟等，2014）。但矛盾的是，在校大学生普遍缺少体育行为，参加体育活动远远没有成为他们日常生活中的重要组成部分，每天"锻炼1小时"更无从谈起（颜中杰等，2016）。调查还发现，全国85%的学校学生达不到每天一小时的运动量（薛斌，2009）。这是一种知而不行的矛盾。相较于中小学生来说，大学生更缺乏体育锻炼意识和习惯（张洋、何玲，2016），他们普遍缺乏体育基础，短时间内不能像学习专业知识那样掌握运动技能，在一定意义上也打击了他们的体育学习信心（贾瑞光，2013）。同时，社会竞争和社会生活节奏的加快，导致大学生的精神过度紧张，睡眠不足、精力不济（郭震、吴广胜，2013），学习任务繁重，他们没有时间去参加体育运动，既不能体验到体育的乐趣，也不能体验到体育

对自身健康水平的良性促进作用（贾瑞光，2013）。随着科学技术的迅速发展，互联网、手机等现代信息工具消耗了学生大量的业余休闲娱乐时间（杨栋，2016）。再加上当今与过去不同的生活方式，机械自动化、电子智能化等充斥在大学生衣食住行的方方面面，体力活动支出减少（费加明，2014）。因此，大学生现有的体质可以满足他们学习和生活的要求，掩盖了其内在的问题，出现了体质理解的时间差（郭海霞，2014）。因此，大学生没有动力去学习体育知识，最终影响了其体育态度的形成，导致他们的体质逐渐下降，并失去了协调、灵敏、力量、平衡等诸多身体素质，不仅运动能力越来越差，也越来越不想运动（郑慧芳等，2012），从而形成恶性循环。

第二节 增加大学生体育锻炼行为的路径机制的研究

一、知信行模式（KAP）与健康信念模式（HBM）整合

行为改变是健康教育的核心。关于与健康相关行为改变的理论，目前已经形成了自我效能、合理行为、阶段变化、自我决意以及健康信念等理论模型。每一个模型都有其优点与不足，模型与模型之间的整合成为当今研究的热点趋势（毛荣建等，2003）。

知信行理论模式（knowledge attitude belief practice，KAP）是健康教育中被广泛应用于临床流行病学调查、食品调查等诸多领域（Nolna et al.，2016；Kunadu et al.，2016）中的一种理论模式，该模型将行为改变的过程分为三个阶段，其中知识是基础，信念态度为动力，行为是结果。在知信行模式中，态度本是社会心理学领域的研究内容，而在高等学校体育教育情境下，知识学习则属于教育学领域研究内容，分属两个不同的研究领域。KAP模式所认为的，通过学习知识可以形成正确信念，而信念可以促进积极态度形成并最终转化为行为，其机制显得过于简单。研究早已发现，三者虽然有着因果关联，但并不存在着必然性。在体育科学研究领域中，KAP模式的相关研究也较少，也正是由于知识、信念和行为的转化率不高（许欣等，2014）（图7-1），因此已经不再进行相关研究了（洪晖、刘炜浩，2010）。

图 7-1　知识—信念—态度—行为

20世纪50年代，健康信念模式（health belief model，HBM）理论由美国心理学家 Rosenstock 第一次提出，在此基础上由 Beker 和 Maiman 修订完成，该模式从心理社会角度对健康行为的改变做了阐释和说明，强调

运用态度和信念来解释并预测各种健康行为（林丹华等，2005），该理论模型认为，由于个体存在着积极的健康观念，当健康可能受到疾病威胁的时候，在相关信念的引导下，会采取健康的行为方式，其结构最初包括对疾病威胁的感知、对健康行为的益处、对障碍的感知和社会人口学因素四个变量。后来其他学者又加入了自我效能和提示线索两个变量。在与大学生体质相关的研究中，体质健康认知和信念是促进青少年积极自主参与体育锻炼的一个重要因素（董宝林，2017）。但从整体而言，健康信念模型在预测锻炼和体力活动的参与和坚持行为时是不成功的（司琦，2008），它未能充分考虑行为的情感构成，以及环境和社会准则等对锻炼行为转变的作用（杨剑等，2016）。

总之，HBM 与 KAP 皆有关于信念与态度变化的理论，但在实践应用中两者各有不足但也存在着互补的可能，即知识首先要形成信念才能形成态度，但此过程并非一个必然过程。因此，整合 HBM 的观点，以增强体质为目的的体育教学，首先要帮助大学生形成坚定的体质信念，才能促进其积极体育态度的形成，进而增加他们的体育行为。

二、大学生的"需要"是其"信念"形成"态度"的关键

弗里德曼（1981）提出的态度定义被大多数社会心理学家所认可，该定义认为，态度是对任一特定事物、观念和人都带有的认知成分、情感成分和行为倾向的持续系统。态度不是与生俱来的，其形成是个体社会化过程中，在社会生活中通过经验的积累而逐渐形成的（张静，2015）。态度的功能总会使人们尽力发展能给自己带来最大利益的态度（Nolna et al.，2016），从根本上来说，态度是在满足个人需要的基础上产生（沈德灿，1990），人们对某一态度对象持有积极肯定的态度，是因为这一对象对满足个人的需要是有效的（李建明，2003）。

信念则指的是个体坚信观点的正确性。同时，态度源于信念（李霞，2012；乐国安，2004），其原因是因为态度的核心是价值（王恩界，2008），而价值是一类的信仰，信仰亦是信念，不同的需要会产生不同信仰，最终形成不同的态度（孔立智，1987；沈德灿，1990；罗石，2008）（图7-2）。在高校情境下，促进大学生积极的体育态度的形成，以增强大学生体育行为，

应该确保"学生形成正确的锻炼信念"（阳家鹏、徐佶，2016），其关键在于要了解大学生到底需要什么。

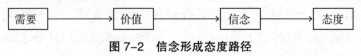

图 7-2　信念形成态度路径

三、大学生需要什么

美国心理学家马斯洛（A.H.maslow，1943）曾经提出了需要层次理论，他把需求分成生理、安全、归属与爱、尊重和自我实现五类。其中"生理需求"是指饮食、睡眠等维持生命活动的生理要求；"安全需求"是指生活安定、免受威胁等方面的需求；"归属与爱的需求"则是人们希望能够在朋友、家庭或团体之间建立密切的人际关系，能够得到关怀与帮助；"尊重的需求"是指人们希望自己所具备的能力、知识和成就在集体或社会中得到他人的尊重认可；"自我实现的需求"则是最高层次的需求，既通过不懈努力最大限度地开发自身潜力，使自己成为自己所希望的那样。马斯洛认为，只有低层次的需要得到了满足，才能产生更高层次的需要。且在高校的环境里，在校大学生的饮食、居住等生理需要，以及安全需要是由家庭和学校来保障的，基本可以得到满足。因此，依据需要层次理论，在校大学生所欠缺的应该是"归属与爱""尊重"以及"自我实现"三个方面，其具体表现为大学生希望能够与同学、教师以及学校建立密切和谐的关系，获得自己的爱情和友情，自己的才能在集体中得到尊重，毕业进入社会后能够适应社会、事业有成。

四、大学生的需要还要与社会需要相统一

知识可以促进态度的改变（肖汉仕，2008），人们所掌握知识的范围、数量和深度，以及获取信息的广度和准确性都会对态度产生积极的影响（邹海燕，2003）。因此，在高校教学中，为促进大学生态度的形成，首先要让在校大学生知道自己所学知识是否是自己所需要的，进而才能确定其是否对自己有价值，在价值的基础上才可能产生坚定的信念，并可能产生终身不变的积极的学习态度。

依据需要层次理论，大学生的需求有很多，但一段时间内往往只有一种需求占主导地位并决定个人的行为和取向（韩红柳、王飞通，2015）。一项"关于学习的最主要目的"的调查结果显示，59%的学生回答是谋求理想职业和社会地位，41%的学生回答是在专业上取得成就（陆慧，2012）。因此，在校大学生希望毕业以后获得好的工作以实现自我价值，是大学生这一人生阶段占主导地位的需求。基于这一需要，大学生最为重视的价值观为"个人发展""和谐同事关系""成就与自我实现"等（岳海洋等，2014），但很多学生毕业参加工作以后出现了自控能力不强、人际关系紧张、协作精神欠佳、承受挫折能力弱（赵芸，2013），以及用人单位虽对毕业生的专业技能满意，但对其交往、发展、社会适应能力不满意（胡永青，2014）等问题。在校大学生在高等教育中所学到的知识，并没有满足大学生毕业后自我实现的需要。

五、在体育教学中可以从需要的角度建立大学生体质信念

马克思认为追求利益是人类一切社会活动的动因。通过高校的学习（包括体育学习）活动，大学生获得所需要的能够在社会环境以及自然环境中生存的技能，是大学生的根本利益所在。同时，学校教育的本质是根据一定的社会要求，有目的、有计划、有组织地对受教育者施加影响，以培养一定社会所需要的人。因此，高校与学生两者的利益是统一的。体质是一个很大的范畴，包括形态、机能、身体素质、社会适应和心理健康等方面，在帮助大学生建立体质信念时，不应该只将焦点放在体质的生理健康方面，还应该从体质与社会适应角度进行探索，以寻找更符合大学生学习活动的根本利益所在。同时，体育教育是高等教育的重要组成部分，通过体育教学活动传授相关的体育知识，以帮助大学生建立正确的体质信念，进而建立积极的体育态度，增加体育行为，最终增强体质，是体育教育能够达成也应该达成的任务。研究还认为，体育虽能够促进大学生的社会化并提高其社会适应能力，但是其相关路径机制当前还未清晰。因此，体育教学在关注大学生生理健康的同时，更应该关注大学生社会需要与个人需要的统一，进而能够更好地促进大学生体质信念的建立和体育行为的增加。

综上所述，在大学生利益需要的基础上，并基于其社会需要和个人需

要之间统一的目的，对大学生体质信念其内涵进行界定：首先，大学生的体质信念包含健康的信念，只有生理上健康，学生才能有精力、有体力去完成学业，以及毕业以后面对工作上的挑战而实现自我；其次，体质信念还包含人与人之间的沟通能力，只有拥有良好的沟通能力，才能与领导、同事以及朋友之间进行更好地合作，特别是当前社会发展迅速，社会分工也越来越精细，必须依靠集体的力量才能更好地适应社会，并在竞争激烈的社会中立足，因此拥有良好的沟通能力是大学生社会需要与个人需要统一的必然；再次，要有好的竞争能力，"自信人生二百年，会当水击三千里"，"物竞天择，适者生存"，只有敢于面向逆境困难挑战，才能够适应社会并有所成就；最后，还必须要有好的抗挫折能力，因为有竞争必然就有失败，成功往往是建立在无数次失败的基础上，只有拥有强悍的抗挫折的心理能力，才能够适应社会并成功。

基于此，体质健康信念模式包括"人格塑造益处认知""心理应激应对益处认知"以及"生理健康益处认知"三个变量（图7-3）。

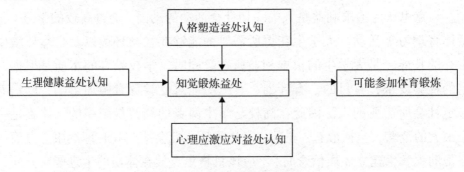

图 7-3 体质健康信念模式

五、对体质信念三个变量进一步解释及体育知识态度模型的构建

通过体育知识学习，建立坚定的体质信念，形成积极的体育态度，以促进体育行为的增加，还需要进一步透彻地了解体质信念的内涵。其中，"生理健康益处认知"无需再深入解释。"人格塑造益处认知"是指运动可以塑造人格，且和积极的人格特征相关联（Laborde et al., 2015; Hermandez and Jimenez, 2016），其形成可能与从事运动的自然选择以及运动锻炼外在影响的双重作用有关（王树明，2004）。其特点为外向热情乐群（龚

明，2013），有礼貌、令人信赖、待人友善等（林琳等，2011）。这些方面的人格特征极有益于提高大学生的人际交流与社会适应能力，有助于大学生实现自我。"心理应激应对益处认知"指的是，体育锻炼能改善情绪（王树明，2004；Haaren，2015；Meier and Welch，2016；Ensari et al.，2017），提高自我效能（Hermandez and Jimenez，2016），提高身体自我概念（Laborde et al.，2015），因此锻炼心理学家以压倒式的证据证明了体育锻炼能够缓冲心理应激（龚明，2013），使大学生面对应激能够有更多的积极应对，从而增强了抗挫折的能力，提高了自我实现的可能性。

　　基于上述讨论，高校教育情境下基于增强体质目的的体育知识态度模型如图7-4所示。在高校教育情境下，如果能够通过体育知识的学习使大学生了解到，参加体育锻炼不仅可以提高自身的生理健康水平，也对其未来的社会适应能力的提高和自我实现有着积极的助力作用，必然可以提高他们的体育锻炼态度，进而增加其体育行为，最终增强他们的体质。

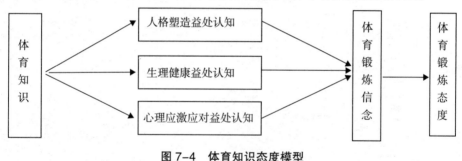

图7-4　体育知识态度模型

六、结语

　　在 KAP 与 HMB 理论框架下，本研究认为，体育知识学习内容只有满足大学生的需要，才能够使其形成坚定的信念，从而产生积极的态度。依据马斯洛的需要层次理论，大学生当前所欠缺的需要是爱和归属、尊重以及自我实现，且自我实现的需要占主导地位。基于自我实现的需要，大学生体质信念模式包括生理健康益处认知、人格塑造益处认知、心理应激应对益处认知三个变量，并在此基础上，本研究还进一步构建了体育知识态度理论模型。当然，理论模型构建的最终目的是为了服务于实践。在未来教育实践中，如何依托于本研究中所构建的知识态度理论模型，从宏观与微观层次对三个变量之间关系进行更加深入的探讨与论证，以构建适合于大学生的体育课程知识体系，进而促进高校体育教学改革的顺利开展，将是一个繁琐的工作，且任重而道远。

本章小结

在当前的教育环境下，高校青年群体常常面临诸多考试，如英语、计算机、考研、考博等，这些考试占据了青年人的大量时间与精力，沉重的学习负担使他们没有时间去参加体育锻炼。当青年学生无体育学习意愿，在此基础上所进行的体育教育改革是不可能达到增强大学生体质的目的的。因此，必须将学校的体育与智育列为同等重要的地位，并在实践教学工作中相对减轻其他课程负担，以促进青年人自身的全面发展。此外，青年群体的体育学习动机受到多方面因素制约。体育学习是一种技能学习，只有真正参与进去，才能够享受其中的乐趣，仅依靠高校的体育教师以及每周一次的体育课堂教学，是不能帮助大学生养成积极的体育学习动机，并建立终身体育的理念及行为的。因此，在高校教学实践中，需要高校的学生思政系列教职员工与学生管理部门的全面合作，如多组织体育培训、讲座以及形式多样的课外体育活动等，同时在评优、评奖等方面加大体育成绩的权重，以增加青年群体的体育学习兴趣。大学生只有深入了解体育知识，真正地意识到体育的重要性，才能自觉、自发地养成积极的体育学习动机。

目前许多高校都存在体育场馆不足的问题。因此学校要加大体育基础设施的投入，并且所有的场馆对于在校青年人群体应该是免费使用的。为减轻高校体育场馆维护负担，各个高校还应探索合理的体育场馆的运营方式，如举办体育培训活动、租赁等，以创造效益更好地服务于高校体育教学。

此外，政府各个管理部门要协同合作做好相关的宣传，一定要让家长意识到青少年体质的重要性，引导家长树立正确的育人观、体育观；引导各个用人单位，在用人招聘的过程中，不仅要重视大学生的文化课成绩，也不能忽视学生的体育成绩；加大体育产业投入，大力发展体育文化，探索优化体育公共管理服务的政策路径，以激发大学生的体育学习动机，以促进其体育行为的形成，养成良好的体育锻炼习惯。

高校体育教师要转变体育教学思想，变"教学生"为"教学生学"。

在指导思想中，要突出体育在人格塑造、心理应激应对方面的重要意义，体育对于大学生专业能力的提高、未来事业成功的辅助作用，以及在未来大学生持续发展中的重要性，在高等教育中要进一步提高体育教育的地位，要将体育能力的提高与大学生专业能力的提高列为高等教育成功的重要标志。体育知识的学习实质上是体育技能的学习，体育知识在某种意义上可以定义为体育技能的知识。体育技能的形成是有规律的，只有坚持不懈地参与体育活动，才能够掌握体育技能，并从中获得乐趣，形成积极的体育态度。

体育教学还要重视因材施教，大学生经过初中、高中等体育教育，已经有了一定的体育认知，高校体育教育应基于教学目标，对学生的身心健康进行发展，提升学生的体能，使学生进行相关的教学活动。体育课程并不是局限于学科与课程内容，而是教育教学发展的课程。体育课程目标的设立不仅要考虑到社会时代的需求、国家的需求，还要考虑到学生的客观需求以及各地区各学校的实际情况。高校的体育教学必须因势利导，根据学生的基础情况因材施教，从而提高他们的体育能力。

参考文献：

[1] 段黔冰，王涛．对普通高校学生体质现状、成因及健康对策的研究 [J]. 成都体育学院学报．2005, 31(2): 109-111.

[2] 刁国炎．从大学生体质健康状况看高校人才培养模式的构建——以云南省大学生为例 [J]. 中国人才．2012(4): 166-167.

[3] 邓淑锋，张平．大学生体质现状与改善措施 [J]. 人民论坛．2015(7): 167-169.

[4] 董宝林．健康信念和社会支持对青少年体育锻炼影响的调查分析 [J]. 体育学刊．2017, 24(3): 115-123.

[5] 冯海．西南地区大学生体质现状调查与分析 [J]. 成都体育学院学报．2009, 35(8): 66-69.

[6] 付东．大学生体育态度与体质健康的调查研究及相关性分析 [J]. 北京体育大学学报．2014, 37(6): 76-80.

[7] 费加明．我国青少年体质健康问题反思 [J]. 中国学校卫生．2014, 35(8): 1121-1124.

[8] 龚明．陕西省优秀体操运动员个性特征与行为控制研究 [J]. 西安体育学院学．2013, 30(6): 737-741.

[9] 郭震，吴广胜．高校学生体质现状思考 [J]. 体育文化导刊．2013(6): 105-106.

[10]郭海霞．我国学生体质下降的"灯下黑"现象初探 [J]. 山东体育学院学．2014, 30(3): 96-99.

[11]高泳．青少年体育参与动力影响因素研究 [J]. 北京体育大学学报．2014, 37(2): 33-39.

[12]洪晖，刘炜浩．我国高校学生体质下降原因探析 [J]. 体育文化导刊．2010(9): 113-117.

[13]胡依琴，王文清．现代化进程中高校学生体质健康状况探析 [J]. 现代教育

科学 . 2012(4): 113-115.

[14]胡永青 . 大学生就业能力结构与社会需求的差异研究 [J]. 国家教育行政学院学报 . 2014(2): 84-87.

[15]韩红柳，王飞通 . 马斯洛需求层次理论视域下高校资助育人工作研究 [J]. 中国成人教育 . 2015(22): 81-83.

[16]黄柳倩，黄翔，温宗林，等 . 影响广西大学生健康体育行为的因素研究 [J]. 广州体育学院学报 . 2017, 37(1): 42-47.

[17]贾瑞光 . 东三省少数民族大学生体质现状调查 [J]. 教育与职业 . 2013(3): 34-35.

[18]蒋立兵，李永安 . 青少年体质问题致因分析健康促进协同机制研究 [J]. 中国青年研究 . 2016(6): 13-20.

[19]孔立智 . 社会心理学新编 [M]. 沈阳 : 辽宁人民出版社 . 1987: 186.

[20]李建明 . 社会心理学 [M]. 北京 : 北京科学技术出版社 . 2003: 108.

[21]乐国安 . 中国社会心理学研究进展 [M]. 天津 : 南开大学出版社 . 2004: 120.

[22]林丹华，方晓义，李晓铭 . 健康行为改变理论述评 [J]. 心理发展与教育 . 2005(4): 122-127.

[23]刘瑶，邵锡山 . 山西省独生与非独生子女大学生 1995—2003 年体质状况的动态分析 [J]. 体育科学 . 2005, 25(3): 36-39.

[24]罗石 . 社会心理学 [M]. 北京 : 北京大学出版社 . 2008: 94.

[25]林琳，吕晓昌，孙妍红，等 . 我国优秀皮划艇运动员人格特质的研究 [J]. 山东体育学院学报 . 2011,27(3): 48-51.

[26]李霞 . 信念、态度、行为 : 教师文化建构的三个维度 [J]. 教师教育研究，2012, 24(3): 17-21.

[27]陆慧 . 大学生价值冲突的教育归因及消解对策 [J]. 学校于党建思想教育 . 2012(8): 18-20.

[28]李东斌 . 青少年体质健康促进政策研究 [J]. 体育文化导刊 . 2014(12): 13-17.

[29]刘金有 . 我国学生每天锻炼 1 小时情况调查 [J]. 体育文化导刊 . 2016(1): 138-142.

[30]李全生，高鹏，仓海．泛体育教育观——基于全面发展教育理论的学生体质问题研究 [J]．北京体育大学学报．2016, 39(4): 96-100.

[31]李强，蒋新国，蒋辉．广东省大学生体质健康的比较 [J]．体育学刊．2017, 24(4): 106-110.

[32]刘冬笑，金育强．我国青少年体质下降的社会因素辨析 [J]．沈阳体育学院．2018, 37(2): 68-73.

[33]李先雄，阳慧敏，杨芳．校园环境对在校大学生身体活动参与度的影响研究．武汉体育学院学报．2018, 52(1): 74-81.

[34]毛荣建，晏宁，毛志雄．国外锻炼行为理论研究综述 [J]．北京体育大学学报．2003, 26(6): 752-755.

[35]秦婕．基于政策视角下的青少年体质健康促进研究 [J]．西安体育学院学报．2015, 32(1): 71-74.

[36]沈德灿．社会心理学新编 [M]．北京：光明日报出版社．1990: 132.

[37]司琦．锻炼心理学 [M]．杭州：浙江大学出版社．2008: 55.

[38]宋述雄，金昌龙．安徽省大学生体质状况的调查研究 [J]．山东体育学院学报．2009, 25(12): 57-60.

[39]王树明．运动员竞赛焦虑的差异性及其影响因素的相关研究 [J]．北京体育大学学报．2004, 27(2): 188-190, 193.

[40]王恩界．中国社会心理学源脉与走向 [M]．石家庄：河北大学出版社．2008: 138.

[41]王远，姚继方．加强医学院校体育课程建设以提高学生体质健康水平 [J]．教育与职业．2009(30): 123-124.

[42]汪波，周学荣，李惠萌．阳光体育运动视角下大学体育课程设置的困惑与反思 [J]．北京体育大学学报．2014, 37(5): 112-117.

[43]王向东．山东省大学生体质调查 [J]．体育文化导刊．2015(2): 158-161.

[44]温福英，奉茂春．马克思恩格斯利益观及其现实意义 [J]．中共福建省委党校学报．2015(9): 56-60.

[45]肖汉仕．应用社会心理学 [M]．长沙：湖南师范大学出版社．2008: 139.

[46]薛斌．云南师范大学商学院学生体质健康状况分析及对策 [J]．云南大学学报 (自然科学版)．2009, 31(S1): 396-398.

[47]徐芝芳,曾锡银.宁夏高校回汉学生体质现状对比分析[J].宁夏大学学报(自然科学版).2009, 30(2): 198-200.

[48]许欣,姚家新,杨剑,等.基于知信行理论的父母—儿童运动参与的关系[J].北京体育大学学报.2014, 37(10): 89-95.

[49]姚鑫.贵州省高校学生体质健康现状及开展阳光体育活动[J].研究现代预防医学.2010, 37(4): 69-70.

[50]杨成伟,唐炎,张赫,等.少年体质健康政策的有效执行路径研究——基于米特霍恩政策执行系统模型的视角[J].体育科学.2014, 34(8): 56-63.

[51]岳海洋,盖钧超,周全华.基于需求层次理论的大学生职业价值观研究[J].思想理论教育.2014(10): 85-89.

[52]余良芬,吴本连.论青少年体质健康的耗散结构[J].广州体育学院学报.2015, 35(1): 36-39.

[53]颜中杰,应华,杨光.健康促进工程视野下上海高校公共体育教学模式研究[J].广州体育学院学报.2016, 36(2): 124-128.

[54]杨剑,郭正茂,季浏.锻炼行为理论模型发展述评[J].沈阳体育学院学报.2016(1): 73-81.

[55]阳家鹏,徐佶.体育锻炼态度对青少年有氧体适能的影响——体育锻炼行为的中介作用[J].广州体育学院学报.2016, 36(1): 91-96.

[56]杨栋.我国近十年青少年体质健康研究述评[J].山东体育科技.2016, 38(2): 82-86.

[57]叶茂盛,邱招义.青少年体质之学校体育依赖思维研究[J].体育文化导刊.2017(1): 144-150.

[58]邹海燕.社会心理学[M].长沙:湖南大学出版社.2003: 155.

[59]张建新.影响大学生体质下降的因素分析与对策探讨[J].成都体育学院学报.2008, 34(9): 88-91.

[60]赵忠伟,李英玲,等.高校大学生体质下降的因素与体育课程干预手段研究[J].北京体育大学学报.2008, 31(2): 217-218, 222.

[61]张建新.影响大学生体质下降的因素分析与对策探讨[J].成都体育学院学报.2008, 34(9): 88-91.

[62]郑慧芳,杨建文,等.甘肃省汉族城乡大学生身体形态与功能状况比较[J].

中国学校卫生 . 2012, 33(11): 1390-1391.

[63]赵芸 . 基于现代社会需求的大学生情商分析及教育培养 [J]. 教育与职业 . 2013(26): 177 -178.

[64]周良云 , 许良 . 我国学生体质与健康状况 "趋势性变化" 的解读与思考 [J]. 广州体育学院学报 . 2013, 33(1): 23-27.

[65]张静 . 态度形成理论视阈下大学生党员理想信念教育实效性研究 [J]. 学校党建与思想教育 . 2015(22): 11-13.

[66]张洋 , 何玲 . 中国青少年体质健康状况动态分析 [J]. 中国青年研究 . 2016(6): 5-12.

[67]朱海涛 , 杨帆 , 程亮亮 . 高校公共体育课程的开展对大学生体质健康状况影响的研究 [J]. 广州体育学院学报 . 2017, 37 (3): 97-100.

[68]张晓林 , 文烨 , 陈新键 , 等 . 我国青少年体质健康政策执行困境及纾解路径 [J]. 西安体育学院学报 . 2017, 34(4): 426-431.

[69]ENSARI I, SANDROFF B M, MOTL R W. Intensity of treadmill walking exercise on acute mood symptoms in persons with multiple sclerosis[J]. Anxiety Stress Coping, 2017, 30(1): 15-25.

[70]HERNÁNDEZ J G, JIMÉNEZ A V. Personality and psychological response in athletes temporal and adaptive representation of the person-sport process[J]. retos-nuevas tendencias en educacion fisica deporte y recreacion. 2016(30): 211-215.

[71]KUNADU P H, ANGELA, OFOUS D B, etal. food safe knowlege, attitudes and self-reported practices of food handlers in institutional foodservice in accra, Ghana[J]. food control. 2016(69): 324-330.

[72]LABORDE S, GUILLÉN F, DOSSEVILLE F, et al. chronotype, sport participation, and positive personality-trait-like individiual differences[J]. chronobiology international.2015, 32(7): 942-951.

[73]MEIER N F, WELCH A S. Walking versus biofeedback: a comparison of acute interventions for stressed students[J].Anxiety Stress Coping, 2016, 29(5): 463-478.

[74]NOLNA S K, KAMMONGE I D, NDZINGA R, et al. Community

knowledge, attitudes and practices inrelation to tuberculosis in cameroon[J]. tuberculosis and lung isease. 2016, 20(9): 1199-1204.

[75] VON-HAAREN B, HAERTEL S, STUMPP J, et al. Reduced emotional stress reactivity to a real-life academic examination stressor in students participating in a 20-week aerobic exercise training: A randomised controlled trial using Ambulatory Assessment[J].Psychology of Sport and Exercise.2015 (20): 67-75.